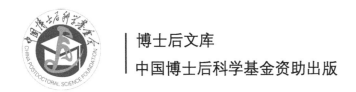

博士后文库

中国博士后科学基金资助出版

混合动力尾坐式垂直起降飞行器
——飞推综合设计与控制

王向阳　著

U0287379

科学出版社

北　京

内 容 简 介

本书以混合动力尾坐式垂直起降飞行器的飞推综合设计与控制为主线。全书共 7 章,主要内容包括:绪论、混合动力尾坐式垂直起降飞行器飞推耦合动力学建模、混合动力尾坐式垂直起降飞行器飞推综合优化设计、电动螺旋桨模型及设计、尾坐式垂直起降飞行器起降阶段稳定性分析、尾坐式垂直起降飞行器飞推综合控制以及总结与展望。本书各章节连接紧密,提出了尾坐式垂直起降飞行器本体耦合动力学及其混合动力电推进系统的综合设计、建模及控制方法,并在此基础上给出了相关试验验证方法与结论,使读者能够从原理到设计应用,更加直观全面地了解混合动力尾坐式垂直起降飞行器系统,以便未来进行相关项目研究时,能够在本书的基础上灵活变通,提出更多满足实际需求的垂直起降飞行器的设计方法。

本书适用对象是相关领域的工程技术人员以及相关专业的本科生、研究生;同时也可供广大的爱好者学习。

图书在版编目(CIP)数据

混合动力尾坐式垂直起降飞行器:飞推综合设计与控制/王向阳著. —北京:科学出版社,2023.6

(博士后文库)

ISBN 978-7-03-075003-7

Ⅰ. ①混… Ⅱ. ①王… Ⅲ. ①垂直起落–飞行器–设计②垂直起落–飞行器–飞行控制 Ⅳ. ①V275

中国国家版本馆 CIP 数据核字(2023)第 037181 号

责任编辑:刘信力 孔晓慧 / 责任校对:杨 赛
责任印制:赵 博 / 封面设计:陈 敬

科学出版社 出版

北京东黄城根北街 16 号
邮政编码:100717
http://www.sciencep.com

北京建宏印刷有限公司印刷
科学出版社发行 各地新华书店经销

*

2023 年 6 月第 一 版 开本:720×1000 1/16
2024 年 1 月第二次印刷 印张:8 3/4
字数:174 000

定价:88.00 元
(如有印装质量问题,我社负责调换)

"博士后文库"编委会

"博士后文库" 序言

　　1985 年, 在李政道先生的倡议和邓小平同志的亲自关怀下, 我国建立了博士后制度, 同时设立了博士后科学基金。30 多年来, 在党和国家的高度重视下, 在社会各方面的关心和支持下, 博士后制度为我国培养了一大批青年高层次创新人才。在这一过程中, 博士后科学基金发挥了不可替代的独特作用。

　　博士后科学基金是中国特色博士后制度的重要组成部分, 专门用于资助博士后研究人员开展创新探索。博士后科学基金的资助, 对正处于独立科研生涯起步阶段的博士后研究人员来说, 适逢其时, 有利于培养他们独立的科研人格、在选题方面的竞争意识以及负责的精神, 是他们独立从事科研工作的 "第一桶金"。尽管博士后科学基金资助金额不大, 但对博士后青年创新人才的培养和激励作用不可估量。四两拨千斤, 博士后科学基金有效地推动了博士后研究人员迅速成长为高水平的研究人才, "小基金发挥了大作用"。

　　在博士后科学基金的资助下, 博士后研究人员的优秀学术成果不断涌现。2013 年, 为提高博士后科学基金的资助效益, 中国博士后科学基金会联合科学出版社开展了博士后优秀学术专著出版资助工作, 通过专家评审遴选出优秀的博士后学术著作, 收入 "博士后文库", 由博士后科学基金资助、科学出版社出版。我们希望, 借此打造专属于博士后学术创新的旗舰图书品牌, 激励博士后研究人员潜心科研, 扎实治学, 提升博士后优秀学术成果的社会影响力。

　　2015 年, 国务院办公厅印发了《关于改革完善博士后制度的意见》(国办发〔2015〕87 号), 将 "实施自然科学、人文社会科学优秀博士后论著出版支持计划" 作为 "十三五" 期间博士后工作的重要内容和提升博士后研究人员培养质量的重要手段, 这更加凸显了出版资助工作的意义。我相信, 我们提供的这个出版资助平台将对博士后研究人员激发创新智慧、凝聚创新力量发挥独特的作用, 促使博士后研究人员的创新成果更好地服务于创新驱动发展战略和创新型国家的建设。

　　祝愿广大博士后研究人员在博士后科学基金的资助下早日成长为栋梁之才, 为实现中华民族伟大复兴的中国梦做出更大的贡献。

中国博士后科学基金会理事长

序

　　垂直起降固定翼飞行器在民用和军事领域都有着广泛的应用前景，其中混合动力尾坐式飞行器具有结构简单、能源利用率高、飞行效率高、携带废重少等优点，发展前景广阔。但尾坐式飞行器飞推强耦合，在垂直起降等低速飞行阶段，尾坐式飞行器滑流–来流–机体耦合机理复杂，迎风面积大，并且气动舵面等执行器操纵能量有限，受到侧风和突变风影响，容易出现姿态振荡等问题。此外，作为垂直起降飞行器，尾坐式飞行器在垂直起降阶段与平飞阶段存在功率需求差异过大的问题，混合动力系统提供了解决方案，但是需要综合飞行器与推进系统进行综合优化设计，才能够实现全飞行包线范围内的高效、可控。因此，飞推综合优化和设计与控制问题是混合动力尾坐式飞行器发展的关键，也是本学科研究的前沿问题之一。

　　该书作者从博士期间就开始研究混合动力垂直起降飞行器的建模、优化设计及控制问题，在博士后期间取得了不俗的研究成果，发表论文 10 余篇，获发明专利授权 5 项，在本领域有着丰富的理论和实践经验。该书是在作者博士后出站报告的基础上加入相关研究成果成稿的，可以说该书凝结了作者多年的研究成果。

　　该书以混合动力尾坐式垂直起降飞行器的飞推综合设计与控制为主线，提出了其本体耦合动力学建模及控制方法和混合动力系统优化设计方法，经过相关试验验证，有效地提高了尾坐式垂直起降飞行器的综合性能。该书在引述概论之后，以作者设计并加工的小型尾坐式垂直起降验证机为具体的研究对象，建立了其耦合动力学模型和混合动力系统模型。在此基础上，该书后续开展了混合动力电推进系统飞推综合优化设计、飞推耦合系统稳定性及控制等一系列研究，深入浅出、通俗易懂、内容充实，具有实际意义。书中所列作者研究中涉猎的参考文献、撰写的论文，乃迄今技术动态，亦富有参考价值。

　　作为作者博士后期间合作导师，愿向有兴趣的读者推荐该书，期能有所助益，引发讨论，促进研究。

朱纪洪

2022 年 5 月 26 日

前　言

　　本书在作者博士后出站报告的基础上成稿，并加入了后续相关研究成果。编写本书的目的在于与读者共享研究成果，帮助读者能更快且更有效地了解、进入垂直起降飞行器及其混合动力推进系统的设计、建模和控制领域。本书以混合动力尾坐式垂直起降飞行器为研究对象，主要内容包含四个方面：飞推综合建模、综合优化设计、电推进系统设计、飞推耦合系统稳定性及控制，叙述贴近实际工程需求，具有现实意义。对于较为专业的垂直起降飞行器、混合动力系统及控制器设计与制造技术、理论问题，不在本书探讨范围内。当然，学习本书内容的同时连带学习其他相关知识，效果可能会更好。

　　在内容编排方面，本书采用先总体、再细分的模式。本书首先介绍航空混合动力电推进和尾坐式垂直起降飞行器控制领域的核心问题与研究现状，让读者对相关领域有个整体认识，随后介绍混合动力尾坐式垂直起降飞行器飞推耦合动力学建模方法，然后介绍飞行器混合动力系统的综合优化设计和电动螺旋桨的设计方法，接下来重点进行尾坐式垂直起降飞行器起降阶段的稳定性分析，最后针对尾坐式垂直起降飞行器强耦合、动态干扰及输出噪声的问题，介绍鲁棒自适应控制方法，并进行了试验验证。

　　本书各章节前后关联性强、内容全面，读者依序学习各章节后，即可对混合动力尾坐式垂直起降飞行器系统设计、建模及控制方法有较为全面的认识。为了便于读者理解，本书在相关章节补充介绍了基础知识，读者在此基础上理解较为复杂的建模和控制方法会有更好的效果。

　　限于作者水平和编写时间，书中难免有不妥之处，敬请读者不吝赐教、指正。

作　者

2022 年 10 月 12 日

目　　录

第 1 章 绪 论

1.1 研究背景及意义

尾坐式垂直起降固定翼飞行器 (也有学者称之为 "尾座式飞行器", 本书简称 "尾坐式飞行器") 是一种发展中的新型飞行器。如图 1.1 所示, 尾坐式飞行器机头竖直向上, 通过尾部的起落架 "坐" 在地面上, 起飞时通过发动机推力平衡飞行器重力, 机体前倾逐渐加速直到转换为水平飞行状态; 降落前, 尾坐式飞行器重新转换至机头竖直向上状态, 最终以垂直方式降落。尾坐式飞行器兼具固定翼飞行器高速巡航和旋翼飞行器垂直起降能力, 相对于倾转旋翼、倾转机翼等垂直起降固定翼飞行器, 尾坐式飞行器具有结构简单、携带废重少等优点。

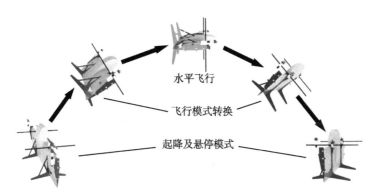

图 1.1 尾坐式飞行器飞行过程示意图

长航程的大、中型尾坐式无人机 (起飞重量超过 200kg) 可在驱逐舰等中小型舰艇起降, 用于执行侦察监视、空袭、干扰破坏敌方通信指挥系统、空中预警和协调指挥等多种作战任务。20 世纪 50 年代, 美国海军提出一种能够在军舰小型甲板上垂直起降的战斗机需求, 康维尔公司、洛克西德·马丁公司分别研制了 XFY-1 和 XFV-1 尾坐式战斗机, 受限于当时的控制技术, 这一时期的尾坐式飞行器在飞行中均不稳定, 且飞行员操纵不方便, 没有继续发展。随着主动控制和无人机技术的进步, 尾坐式飞行器稳定性弱、起降时视野较差的问题逐渐有了解决方案。20 世纪 90 年代, 美国军方投资研制了 Heliwing、Sky-Tote 和 Golden-Eye 尾坐式无人机, 并进行了较为成功的起降及飞行模式转换试验, 但起降及转换飞行过程不够可靠。在美国国防部先进研究项目局 (DARPA) 发起的 "垂直起降飞行器研究计划" 项目支持下, 2014 年西科斯基公司提出了双旋翼尾坐式概念机, 如图 1.2(a) 所示; 在美国海军的 "战术侦察节点" 项目中, 2016 年诺格公司提出了共轴双旋翼尾坐式概念机, 如图 1.2(b) 所示。

高速 (超过 300km/h)、长航时 (超过 12h)、抗侧风能力强 (超过 14m/s) 的尾坐式无人机是我国急需的新型装备。2014 年航空工业成都飞机研究所提出了起飞重量 ① 200kg 的多功能尾坐式无人机概念方案 (如图 1.2(c) 所示); 2017 年西安希德电子信息技术股份有限公司提出 "朱雀" 尾坐式无人机概念方案 (如图 1.2(d) 所示), 并开展了小型电动尾坐式飞行器原理验证。尾坐式飞行器在国内外已经引起了足够的重视, 但仍有飞行器设计、动力系统及控制等关键问题尚未解决, 因此尚未形成成熟的型号。

(a) 西科斯基公司RWB尾坐式无人机[1]

(b) 诺格公司 "燕鸥" 尾坐式无人机[2]

(c) 成都所VD200概念机[3]

(d) 希德电子"朱雀" 概念机[4]

图 1.2   舰载尾坐式无人概念机

尾坐式飞行器在军事及民用领域均有广泛的应用前景。小型尾坐式无人机可以在城市、山区和岛礁起降, 作为现有多旋翼无人机和无人直升机的升级版, 可执行航拍、测绘和紧急物资投送等任务。近年来, MEMS(微机电系统) 传感器、锂电池技术和飞行控制等技术的进步, 促成了一批小型尾坐式无人机的发展, 包括双螺旋桨电动尾坐式飞行器以及以谷歌 Project Wing 为代表的多旋翼尾坐式无人机。然而, 尾坐式飞行器起降过程中迎风面积大, 受侧风、突变风影响产生较大

---

① 重量为行业内习惯说法, 同 "质量"。

的姿态和位置扰动，当前尾坐式飞行器需要在微风天气且平整的地面上起降，使用场景受到较大限制。

通过研究尾坐式飞行器在强侧风影响下的动力学耦合机理，设计抗风控制器，可提高尾坐式飞行器起降可靠性及控制性能，为尾坐式飞行器在强侧风复杂干扰环境下可靠起降提供技术支持。

垂直起降飞行器有着可观的应用前景，但其在推进系统的设计上面临巨大的挑战。垂直起降飞行器起飞和巡航时功率需求差异过大，在起飞阶段螺旋桨需要克服自身重力，对升力需求高，推进系统需求功率大，一般垂直起降飞行器起降阶段的推重比可达 1.15~1.5[5]；而在平飞阶段推进系统主要克服阻力，所需功率小。垂直起降飞行器的推进系统对重量限制要求高，必须实现高比功率，若推进系统重量过高会导致整机重量增加，使功率需求再次提高，造成恶性循环。垂直起降飞行器的推进系统还要求高效率，高的能量利用率既可以减少能源系统重量，又可以响应国家节能减排的号召。为满足起降阶段的功率需求，可考虑采用大功率的内燃机，但其重量比较大，同时其最佳工作点并非巡航状态，发动机长时间处于较低效率的工作状态，是对能源的极大浪费，因此传统内燃机不适合作为垂直起降飞行器的动力源。

目前很多垂直起降飞行器都使用电机作为动力装置。电动力系统具有控制响应迅速、效率高等优势，使用电传动可以取代传统飞行器复杂的液压、机械等传动装置，可以使飞行器有更多布局方式，减轻传动装置的重量，并且内燃机由于燃料的不充分燃烧以及气体热量的流失会造成极大的能量损失，而电动机只有转子和电路发热产生的热量损失，效率远高于传统发动机。使用纯电动的系统效率可达约 73%[6]，而内燃机的系统效率仅有 20%~35%[7]。但电动力系统的发展受到电池技术的限制，电池的能量密度只能达到 300W·h/kg[8]，过低的电池能量密度导致纯电动飞行器重量大，续航时间短。目前传统发动机仍具有不可替代的优势，其能源系统的能量密度高，燃油的能量密度可达 12700W·h/kg[7]，可支持长航程飞行。

结合传统发动机和电动推进的优势，作为向纯电动飞行器的过渡，人们提出混合动力推进系统 (Hybrid Electric Propulsion System, HEPS) 的概念。混合动力推进系统是指将传统发动机与电动力装置相结合，共同驱动螺旋桨等推进装置。发动机的设计和最佳工作点的选取可以依据巡航阶段功率需求，很大程度减小发动机尺寸和重量，进而减轻整机重量；发动机的设计限制更少，设计和制造难度相应降低，可以追求更高的效率[9]，让内燃机的高能量密度优势得到最充分的利用[10]；而起飞阶段短时大功率需求可由电池驱动电动机来补充提供，除了实现功率匹配外，如果飞行器低功率状态发动机提供的功率仍有剩余，还可以利用发电机给电池充电，让发动机处于最佳工作状态，储存多余能量，减少能量损失[11]。混合动力系统是解决尾坐式垂直起降飞行器推进系统设计问题的有效方法，但其在系统设计方法、控制策略选择、试验验证等方面还存在困难。

1.2   国内外研究现状

1.2.1   航空混合动力电推进技术研究现状

航空混合动力电推进技术是当前航空推进技术的发展趋势之一。混合动力系统由航空发动机、发电机、电池组和能源管理系统等组成，涡轮发动机带动电机发电，通过能源管理技术与电池组组合，形成油电混动动力系统，为高能武器动力与飞行器提供所需电能源。针对混合动力系统这一新型动力源，从发动机、电机、电池等动力系统设计，到飞行器布置和重量优化，再到多能源带来的功率分配等问题亟待解决。

国外对小型飞行混动系统的研究开始于 2000 年左右，并在 2010 年后实现了小型汽油活塞机混动系统的试验飞行。而从 2010 年开始，相关国际研究机构逐步开展涡轮风扇/涡轴混动系统的定型计算和优化模拟，比如 Boeing、RR、UTRC 等均在美国国家航空航天局 (NASA) 的 EPA 项目框架下展开涡电混动系统的构型计算等。

电动推进系统按照动力来源和布置方案可以分为六种构型，如图 1.3 所示，其中包括五种混合动力系统。串联混合动力系统主要通过涡轴发动机驱动发电机给

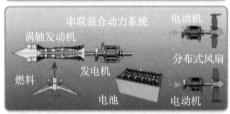
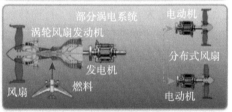

图 1.3   电动推进系统分类 [12]

电池充电,而后电池向电机供能进而驱动风扇产生动力;并联混合动力系统则是在传统涡轮风扇发动机基础上增设电力系统,电池驱动电动机作用于发动机轴上,同发动机一起带动风扇旋转;串/并联混合动力系统则既有风扇直接被发动机驱动,同时又有其他风扇被电动机驱动,而电动机动力源来自电池或发动机驱动的发电机。除了上述三种构型外,还有两种涡电混动系统,其所有动力均源自发动机,全涡电系统由发动机带动发电机,进而驱动电动机和风扇实现分布式动力;部分涡电系统中发动机除了提供分布式动力外,还需要直驱风扇,保持原有涡轮风扇发动机的部分功能。

表 1.1 总结了目前国际上涡轮发动机混动系统的相关研究。这些研究均为零维模拟计算,对发动机的模拟主要使用 NPSS、Gasturb、GSP、MATLAB 等软件平台,同时搭建电机、电池模型实现混合动力系统的计算。

表 1.1　涡轮发动机混动系统研究总结

研究名称	构型	载客量/人	最大起飞重量/kg	最大电机功率/MW	发动机
NASA STARC-ABL	部分涡电	154	60000	2.6	涡轮风扇
NASA N3-X	全涡电	300	227000	50	涡轴
Boeing SUGAR Volt	并联	154	68040	5.3	涡轮风扇
RR EVE	并联	154	68952	2.6	涡轮风扇
UTRC	并联	154	61876	2.1	涡轮风扇
ESAero ECO-150	全涡电	150	~ 75000	12.7	涡轴
XTI Tri-Fan 600	串联	6	2404	1.5	涡轴
Zunum	串联	12	5216	1	涡轴
Bauhaus Luftfahrt	并联	180	77730	4.4	涡轮风扇
ONERA DRAGON	涡电	150	67870	11.6	涡轴

NASA 单通道涡轮电动飞行器 STARC-ABL 研究采用部分涡电系统,主要由机翼下两个涡轮风扇发动机驱动发电机组成,产生的电能传递至机身尾部的对称边界层抽吸扇。结果表明该系统比传统结构能降低油耗 7%~12%。初始研究巡航速度为马赫数 0.7,目前希望增加至马赫数 0.8。NASA N3-X 采用一体化机身机翼和全涡轮发电分布式驱动系统,计算表明同 777-200LR 级别飞行器相比,N3-X 可以节能达 70%,其中全涡轮发电分布式驱动以及边界层抽吸扇可实现 33% 的节能效果,机身机翼设计可节能 14%。在 NASA 所有混动项目中,该技术效果最显著,但是也最激进,不过相关简化假设需要进一步完善来评估其准确性。波音公司 SUGAR Volt 采用并联混动构型,在巡航时使用电动助力,系统包括桁架支撑翼和电动助力涡轮风扇。

桁架支撑翼结构自身可在 900n mile (1667km) 的飞行任务中相比波音 737-800 省油 53%。此外,对室温条件下采用 1.3MW 和 5.3MW 两种超导电机的混动系统进行的性能评价发现,1.3MW 系统可在桁架支撑翼基础上额外节油 7%,但是增加的混动系统重量抵消了这部分收益;而 5.3MW 系统可以使涡轮风扇发动机巡航时工作在怠速状态，从而节油 10%，但是增加的电机和电池重量又会额外消耗 8% 的能量，总体而言，整个系统的效率并没有显著改善。罗尔斯罗伊斯 (RR) 公司的 EVE 项目采用并联式混动系统，主要在飞行器地面滑行、怠速下降和起飞时电动助力。研究均在最大起飞重量 (MTOW) 条件下优化燃料和电池的能量，因此短途飞行任务能最大化地利用电池。对 1~2.6MW 的电机研究表明 900n mile 的飞行任务可节油 28%，而 500n mile 的飞行任务可节能 10%。但是节油、节能、减少 CO_2 和成本是无法同时实现的，比如最节油时，总耗能增加 4.1%，成本增加 1.8%，CO_2 增加 11.3%。美国联合技术研究中心 (UTRC) 采用并联构型，包括提供 24000lbf (1lbf=4.44822N) 推力的齿轮传统涡轮风扇和一个 2.1 MW 电机。这样电机和发动机可同时作用，起飞和爬升时电机助力可减少所需发动机的功率，因此巡航时能节油 2.3%。

利用波音发动机模型计算表明，如果采用 1000W·h/kg 的电池，在 900n mile 的飞行任务中可以获得 7%~9% 的节油和 3%~5% 整体能量的节约。ESAero ECO-150 针对单通道直线飞行器，设计采用全涡轮发电和分体式机翼。ECO-150 论证了一系列电子系统，包括传统电机和超导液氢冷却电机，同时开发了能准确预测系统气动、动力、结构、电力和热力特性的计算工具。总体来说，ECO-150 采用了近期较为可行的技术，其整体性能和目前的飞行器相当。

国外在中小型飞行器混合电推进系统的主要进展包括：

2015 年，NASA 启动了高效垂直起降飞行器计划，在该计划的支持下开展了 GL-10 等分布式电推进垂直起降概念机研制，目前正在开展百公斤级 (200~300kg 起飞重量) 样机研制与试验。同时，支持 Lunchpoint 公司开展了高功率密度机载混合系统研究，启动了 6kW、20kW 和 45kW 三个等级的机载发电机系统研制。

2016 年，在 DARPA 的支持下，极光公司开展了 "雷击" 垂直起降试验飞行器项目，这是迄今最大的混电动力垂直起降飞行器项目。无人机采用一台 RR 公司的 AE1107C 涡轴发动机驱动，通过其驱动 3 台霍尼韦尔公司的发电机来产生电力，并将电力分配至全机 24 个涵道式风扇上，形成分布式混合电推进系统。项目由于兆瓦级电机热管理等技术问题暂停，但其垂直起降无人机上应用混合电推进系统的技术路线还在持续推进。

2019 年，RR 公司完成了基于 M250 发动机改装的混合动力系统的地面试验。RR 公司计划集成 M250 发动机、高能量密度的电池系统、发电机、电能转换器和先进电力管理和控制系统，应用于包括电动垂直起降飞行器、通用飞行器和混合动力直升机等飞行平台。

2014 年，NASA 与 ESAero 公司合作开展了电推进技术研究 (SCEPTOR) 计划，建立了 200kW 级混合动力电推进集成测试平台 (HEIST)，利用 HEIST 试验平台开展了发电机、电池容量管理，以及功率需求管理等试验。2017 年，NASA 开始

X-57 分布式电推进验证机的改装工作,该验证机整机重量 1360kg。原有 2 台活塞发动机由 14 台电机替代,其中两个翼尖布置 2 台 60kW 大电机,机翼前缘布置 12 台 10.5kW 高速小电机,完成改进后 X-57 的能耗相比 P2006T 飞行器降低 80%。

赛峰集团被 Zunum Aero 公司选中为混合动力小型支线客机 ZA10 提供动力系统解决方案。2019 年 1 月 7 日,赛峰混合动力推进系统首次应用在贝尔“空中出租车” Nexus 上,该机动力推进系统能够输出 600 多千瓦的功率。赛峰正在开发输出功率 45~500kW 的一系列电动机。

2019 年 10 月,由钻石飞行器工业公司和电动系统开发商西门子公司在 HEMEP 项目下进行改进的,由德国 LuFo 航空研究计划及奥地利相应机构资助的双发混合动力飞行器完成首飞。飞行器由安装在机头内的 110kW 的 AE300 柴油发电机提供动力,推进系统由两台 75kW 的电动机驱动,安装在鸭式前置翼面上,后机舱配备两个 12kW·h 电池储存电能,这是世界上第一架配备电驱动螺旋桨和发动机串联架构布局的混合动力飞行器。

俄罗斯中央航空发动机研究院 (CIAM) 开展了 500kW 级混合动力系统的研制工作,正在开发转速为 50000rpm (1rpm=1r/min),功率大于 300kW 的高速发电机,CIAM 原型机于 2021 年开展试验测试,最终目标是研制出功率为 500kW 的混合动力飞行器。

西门子公司正在与空客合作开发 10MW 或以上的混合动力系统,为未来可能搭载 100 名乘客的客机提供动力;与 RR 公司合作研发 E-fanX 混合动力支线客机样机,研制采用的 2.5MW 混合动力发电系统、2MW 级电驱动系统和 3kV 高压系统都是巨大的技术挑战 (第二阶段工作已取消)。

通过对国外研究的梳理可知,混合动力系统应用前景广阔,功率等级涵盖 20kW 至兆瓦级,混合动力形式包含串联式和并联式,发动机平台包括活塞式和涡轴发动机。其中,20~200kW 级的混合动力系统主要基于活塞发动机,已经有部分接近应用;200kW 以上的混合动力系统主要应用于起飞重量吨级及以上的大中型飞行器,以涡轴发动机为基础,正处于关键技术研究阶段。

航空混合电推进系统的核心技术包括了混合动力系统总体设计技术、高效高功重比电机/发电机技术、能源管理及热管理技术与高能量密度储能技术。

(1) 混合动力系统总体设计技术:混合动力系统需要结合飞行器任务需求,提出总体构架以及能源配比优化设计方案,实现在满足任务需求前提下的动力系统最优设计,形成航空混合动力推进系统设计方法。

(2) 高效高功重比电机/发电机技术:电机/发电机功重比 (功率密度) 直接决定电动飞行器的性能,航空电机/发电机主要包括:异步电机、开关磁阻电机和永磁同步电机。电机、发电机和驱动器客观上存在着一定的故障率,使得电机驱动系统的故障时有发生。传统双绕组容错电机某相绕组故障时,需切除一套绕组,导致转矩显著下降。如何基于上述特性分析，构建可重构容错电机的系统模型，探究可重构容错控制技术，分析开路、短路等故障对电机性能的影响，揭示利用谐波空间分量实现高容错控制机理，提高故障下电机的转矩输出能力，是保障螺旋桨推进系统高效高可靠性运行的基础，亟待开展研究。需要研究高效高可靠多相容错电机设计、分布式驱动控制、无位置传感容错控制等关键技术。

(3) 能源管理及热管理技术：能源管理系统利用机载发电系统和储能模块的不同特性，让各动力源工作在高效区域，将供电系统和推进系统紧密地联系在一起，需要制定合理的能量管理架构和策略，以使由多个能量单元构成的混合动力系统稳定、可靠、高效地工作。能源管理系统对电池组充放电和均衡的管理，具有电池监控、控制和保护等功能，能够实现多节机载电池的均衡充放电。依据不同工作模式，实时计算不同动力源应输出的功率，从而合理地调配混合动力系统中的发动机、电池组和电动机运行工况，动态分配多种能量源输出功率，以此来实现整个系统的高效运行。同时，电动飞行器的电源、电力电子设备、电机等对热管理提出了极高的要求。

(4) 高能量密度储能技术：储能系统的能量密度是决定电动飞行器性能的重要参数。当前，电动飞行器多采用锂离子电池，它的能量密度在 $200\sim350\text{W·h/kg}$，预计 2030 年可以达到 500W·h/kg。为保证储能模块的安全性，避免锂电池串联充电过程出现的 "短板效应"，需要锂电池组电源管理系统，包括电池组管理控制系统和电池组管理均衡系统两大部分。

1.2.2 混合动力垂直起降飞行器飞推优化设计研究现状

近年来，在混合动力推进领域，众多学者开展了许多研究工作。混合动力推进有着低排放、可通过电辅助推进优化动力系统效率的优势，并且能够实现分布式推进，有效地将动力分配到机身的不同位置，实现先进的推进系统布局，提高航空推进效率，减少噪声排放，提高控制能力。然而，混合动力系统电机、电池等部件的加入造成机体重量损失，如何设计混合动力系统以提高飞行器性能是混合动力的研究重点。

关于混合动力飞行器的设计方法和性能评估也存在大量的研究。相关研究方法主要是将新的混合推进系统架构应用于传统飞行器，进行改进的优化设计与分析。迭代法可以估计传统推进配置下飞行器的机翼面积和初始尺寸，许多研究对迭代法进行了改进，使其适用于混合动力飞行器 [13-15]。Sliwinski 等改进传统动力构型的总体设计方法，通过迭代飞行器重量和功率需求得到混合动力系统飞行器设计结果 [16]。这种迭代法是通过不断地迭代计算，得到满足性能的最优设计 (最小重量或油耗等)。该方法的优点是在每次迭代过程中推进系统参数、飞行器重量参数和机翼面积参数同时变化。因此，推进系统与飞行器设计参数是相互关联的。但是，该方法需要基于一定的任务剖面，因此计算出的燃料重量与油箱的设计最大装载量并不对应。此外，微小的重量变化会影响迭代过程中参数的最终结果，因此该方法只能作为初步的尺寸估计。

目前混合动力系统在飞行器设计领域的应用研究大多集中在固定翼领域。诸多学者研究了混合动力推进系统的总体设计方法，开发了相关的优化工具辅助设计。Friedrich 和 Robertson[17] 针对不同任务场景，提出了基于建模仿真的混合动力系统分析方法。Finger 等 [18] 利用改进的经典约束图给出了串联和并联混合动力固定翼飞行器的初始设计方法，以进行推进系统的混合度设计。de Vries 等 [19] 展示了一种固定翼混合动力飞行器的设计方法，考虑了分布式电力推进的航空-推进相互作用，并使用了几种混合动力系统功率流的广义矩阵。Bryson 等 [20] 展示了一个多学科快速评估优化框架，该框架使用非支配排序遗传算法寻找小型混合无人机系统的帕雷托 (Pareto) 最优设计。Ng 和 Datta[21] 分析了混合电力推进，同时使用了锂电池和燃料电池，建立了详细的混合动力组件模型。Harmon 等重点研究混合动力系统的效率模型，成为多数研究的基础 [22]。Harmon 对混合动力系统部件集成测试，验证并联混合系统的可行性，并开发优化工具辅助部件选型 [23]。Schömann 开发了考虑实际工况的功率模型，考虑实际运行过程中的转速影响和电流传递，使模型更加准确 [24]。

同时，垂直起降飞行器的混合动力系统的适配问题引起了该领域学者的广泛关注。Finger 等 [25] 提出的一种新的初始定尺算法，分析了垂直起降飞行器的设计空间和不同垂直起降推进方法的缺点。研究表明，未来中程垂直起降飞行器必须考虑混合电力推进系统。Beyne 和 Castro[26] 提出了一种估计目标距离为 300km 的垂直起降飞行器性能的初步方法，研究发现大部分的能量消耗在巡航期间，因此飞行器应该针对此飞行阶段进行优化。Chakraborty 和 Miller 等 [27] 给出了一种采用全电和混合电动架构的城市用垂直起降飞行器与推进系统综合优化设计与分析。

除了设计方法外，还需研究电机和螺旋桨的匹配问题。推进系统主要由推进装置 (电动螺旋桨、电动涵道风扇等) 和电动机组成，采用混合动力电推进技术有三大优势：第一，电机通常可以在较宽的转速和转矩范围内工作，且效率较高。若螺旋桨与电机特性匹配得当，则可以免去螺旋桨和电机之间的变速器。第二，由于电动螺旋桨系统为电驱动系统，能量以电能形式传输，可以消除大量的机械传动机构，因此，推进系统的推重比有望得到改善。第三，电动螺旋桨系统的布局更加灵活，也便于检测系统状态和日常维护。

对电动变距螺旋桨推进系统的优化设计也十分具有挑战。首先，电动螺旋桨需要在多个飞行阶段保持高效率，特别是在悬停和巡航阶段。因此，必须在螺旋桨叶片设计时进行权衡，以均衡系统在各飞行阶段的性能。其次，各部件之间的强耦合将对电动垂直起降飞行器的性能有重大影响。例如，在悬停状态下，为了在确保大推力的前提下减小轴功率，电动螺旋桨通常被设计为大直径，工作在低转速、大扭转角的状态下。而电动机虽然在低转速具有大扭矩，但是在高转速区间才能保持高效率。另外，螺旋桨直径越大，叶片重量越大；电动机的额定转速越低，功率密度越低，相同功率需求下重量也越大。因此，在确保电动螺旋桨和电动机高效协同工作的前提下，如何减小系统总重是十分具有挑战性的。综上所述，垂直起降飞行器电力推进系统的优化设计是一项至关重要的任务。

目前，国内外已有许多针对垂直起降飞行器电动螺旋桨系统优化设计的研究工作。固定桨距螺旋桨是最常用的一种螺旋桨，Opener[28] 公司推出了一款名为 "BlackFly" 的超轻型单座电动垂直起降飞行器，在固定机翼上安装了多个固定螺距旋翼。虽然这种多旋翼的配置有利于飞行器的悬停性能和安全性，且控制较为简单，但是这种固定螺距螺旋桨只针对单个工作点进行设计，巡航和悬停效率均较低，且巡航飞行速度有限。为了同时保证垂直起降飞行器有良好的悬停和巡航性能，Saengphet 等 [29] 提出了一种固定翼垂直起降飞行器的概念设计。该飞行器在起飞和悬停状态下使用共轴旋翼产生升力，在巡航状态下使用单独的螺旋桨向前推动飞行器。针对该电推进系统的优化设计，可以单独对共轴旋翼电机系统和螺旋桨-电机系统进行优化。Zhang 等 [30] 对该四旋翼固定翼混合动力无人机 (QFHUAV) 的电力推进系统进行了多学科优化设计研究，并在自行设计的 QFHUAV 上对优化后的电推进系统进行了测试，取得了良好的效果。

与固定桨距螺旋桨不同的是，可变螺距螺旋桨可以通过改变螺距角在多个工作点保持相对较高的效率。这为设计能兼顾悬停和巡航性能的螺旋桨提供了可行性。目前，多数研究将桨叶的气动外形优化作为重点。McVeigh 等 [31]、Paisley 等 [32]、Liu 等 [33]、Alli 等 [34]、Droandi 等 [35] 对著名的垂直起降飞行器 XV-15 和 V-22 鱼鹰所配备的大型螺旋桨的气动外形进行了优化设计，然而，上述工作在优化设计时并没有综合考虑驱动系统特性。Acubed[36] 团队进行了 Vahana 倾转旋翼飞行器的多约束、多学科优化设计，对 Vahana 飞行器的最大起飞重量、各关键部件重量、最高巡航速度和直接运营成本进行了综合优化。优化过程中虽然考虑了电机特性，但没有考虑转速和负载对电机效率的影响。Gur 等 [37] 结合垂直起降飞行器的特点，对电机驱动的垂直起降飞行器的优化设计进行了研究。他的工作基于多学科设计优化框架，结合了简化的基于动量理论的电动螺旋桨模型和电力系统模型，但是没有给出这些部件的效率图和重量模型。

因此，电动螺旋桨、电动机甚至电池系统之间的强耦合作用对电动螺旋桨系统的性能的影响十分明显，对各部件进行协同优化设计有助于提升电动螺旋桨系统的性能。

为了确定和分析混合动力垂直起降无人机的设计方法和性能，传统的推进系统设计和分析方法面临一些限制，在未来的垂直起降飞行器混合动力的研究中还

存在巨大的挑战:

(1) 并非所有传统方法都可以考虑全电动或混合电动推进架构或多个不同电源路径 (如燃料动力和电池动力) 的同时运行。如何进行多条能源转换路径的共同优化设计从而实现整体的最优是混合动力系统设计的重点和难点。

(2) 目前推进系统设计中飞行器只考虑俯仰自由度,旋转自由度在目前的飞行器设计中通常没有详细解释。在垂直起降飞行器中推进力可用于实现旋转控制,这可能是分析垂直起降飞行器推进系统设计的严重限制。

(3) 目前飞行器的气动特性和推进系统推力特性研究较为独立,而在实际分布式推进中两者存在相互耦合作用,在未来的设计中两者需要同时耦合设计,这给研究带来巨大的挑战。

(4) 大多数工具只适合特定的飞行器构型,例如固定翼或旋转翼。由于垂直起降飞行器特殊复杂的过渡阶段难以分析,目前考虑到垂直起降飞行器不同飞行模式之间转换问题的推进系统设计研究较少。

1.2.3 尾坐式垂直起降飞行器动力学建模及控制研究现状

尾坐式飞行器飞行模式转换控制是当前学术研究的热点。尾坐式飞行器飞行模式转换阶段具有很强的非线性和不确定性,针对参数不确定、存在未建模动态、外部干扰等问题,国内外学者提出了增益预置、动态逆、自适应等控制方法,以及多种飞行模式转换控制策略。Myrand-Lapierre 等利用悬停控制器作垂转平的过渡和利用前飞控制器作平转垂的过渡 [38];Stone 等提出了基于轴角法表示的比例姿态控制结合增益预置的控制策略 [39];Oosedo 等提出了基于最小过渡时间和高度保持的最优控制策略 [40];Jung 等在动态逆控制的基础上进一步结合了 L1 自适应控制,使其有更好的对未知扰动的适应能力 [41];Zhang 等则基于位置和高度动力学,结合模型参考自适应,作反馈线性化控制 [42]。

针对尾坐式飞行器起降阶段滑流–来流–机体耦合问题,国内外学者采用面元法、计算流体力学 (CFD) 和二维翼型风洞试验数据拟合等多种方法进行了建模研究。Stone 等将滑流引起的流场速度变化引入面元法,计算耦合气动力 [39];Wang 等采用 CFD 软件计算耦合流场,在大迎角区域气流分离严重,数值计算软件得到的结果准确度较低 [43],Stone 等采用二维翼型的风洞数据和经验公式对计算结果进行了修正 [39],Ke 等采用经验公式对低迎角范围的气动数据进行了拓展 [44],Rothhaar 等采用试验数据对倾转机翼无人机气动数据进行了分段拟合 [45]。综合当前研究情况,数值计算方法可以模拟滑流–来流–机体复合流场,但大迎角及动态情况下的数据准确度较低,耦合机理尚未清晰,未形成系统的建模及可用于飞行控制的表征方法。

针对尾坐式飞行器抗风控制问题,学者们提出了基于 H∞ 综合的扰动观测器补偿方法、增量非线性动态逆控制等控制方法，部分学者利用小型多螺旋桨尾坐式飞行器开展了抗风鲁棒控制研究。Lyu 等采用 PID 结合前馈的抗风鲁棒姿态控制方法 [46]，针对一款小型四桨尾坐式无人机开展了室内起降抗风试验 (利用风扇模拟风扰动)，结果表明，当风向与无人机翼面平行时，风对尾坐式飞行器的扰动最小，但该方法要求风扰稳定且对无人机降落没有航向要求；Lyu 等采用基于 H∞ 综合的扰动观测器对风扰动进行补偿，提高悬停时无人机的抗风性能，其实现依赖于动作捕捉系统所提供的精确位置和速度信号 [47]；Smeur 等则针对尾坐式无人机的位置环和姿态环，提出了增量非线性动态逆控制，其增量结构引入的角加速度和线加速度反馈能够补偿无人机所受到的外部力和力矩的干扰，但角加速度的获取仍然是一个难题 [48]；Demitrit 等利用惯性传感器、GPS 和磁力计对尾坐式飞行器悬停状态受到的风速向量进行估计，但实时风速的观测精度还难以用于基于模型的反馈控制 [49]。尽管已积累了部分尾坐式飞行器抗风控制研究成果，但尾坐式飞行器起降阶段动力学及抗风控制问题的系统性研究较少，还需要考虑地面对尾坐式飞行器的影响，构建飞行控制器可用的滑流–来流–机体耦合动力模型，考虑执行器动态和传感器噪声对控制系统的影响，建立尾坐式飞行器受限耦合不稳定系统的控制规律。

国内多所院校开展了尾坐式飞行器的动力学建模及过渡过程飞行控制问题研究。其中，北京航空航天大学富立等采用自抗扰算法提高室内微型尾坐式飞行器控制器的鲁棒性 [50]；刘昊等采用扰动观测器对尾坐式飞行器过渡过程不确定和扰动进行估计及补偿 [51,52]。西北工业大学史忠科等 [53] 将非线性预测控制方法和自适应控制器应用于垂直起降战术飞行器过渡过程控制；宋笔锋等研制了 Novlit-3 四旋翼尾坐式无人机，将 L1 自适应动态逆控制方法应用于悬停及飞行模式转换试验 [54]。陆军工程大学陈自力等 [42] 采用多模型自适应算法设计了尾坐式无人机的过渡过程控制器。

倾转旋翼飞行器、垂直/短距起降战斗机的起降控制与尾坐式飞行器具有一定相似性，相关研究成果可为尾坐式飞行器抗风控制提供借鉴。南京航空航天大学杨卫东等针对倾转旋翼飞行器建立了瞬态响应分析模型，研究了气动弹性稳定性等问题 [55]；陈仁良等研究了倾转旋翼机旋翼/机翼气动建模、最优动态倾转过渡过程等问题 [56]；陈谋等研究了动态干扰下无人直升机鲁棒抗干扰受限控制技术，利用双曲正切函数及 Nussbaum 函数的特殊性质对输入饱和进行处理，通过干扰观测器提高无人机抗扰动能力 [57]。南京信息工程大学张永宏等研究了四旋翼倾转定翼无人机的动力学建模及运动稳定性问题 [58]。

作者所在的清华大学团队开展了倾转旋翼飞行器 [59] 和推力矢量垂直/短距起降飞行器动力学、飞行模式转换控制、喷射气流效应建模及试验、推力矢量系统的动力学建模及基于预测控制器的飞行模式转换控制方法研究 [60] 以及 1/8 缩比推力矢量垂直/短距起降飞行器飞行试验[61]。提出了混合动力尾坐式垂直起降无人机方案,开展了尾坐式飞行器的精确姿态控制方法研究[62]和抗干扰鲁棒控制[63],完成了 10kg 尾坐式无人机飞行器起飞阶段稳定性分析[64],完成了垂直起降、低速平飞和飞行模式转换试验。

当前,国内外学者积累了一定的理论研究成果,然而对起降耦合动力学的研究还不够充分,尚未形成成熟的抗风控制技术。

为实现尾坐式飞行器强侧风、切变风干扰下的可靠起降控制,需要解决的动力学、控制问题主要体现在以下四个方面。

(1) 尾坐式飞行器滑流–来流–机体耦合机理及表征问题。

大部分尾坐式飞行器采用前拉式螺旋桨推动,起降阶段螺旋桨滑流、来流和机体耦合,如图 1.4 所示,尾坐式飞行器的部分机身/机翼无滑流,无滑流区域复合流场处于大迎角状态,部分机身/机翼处于滑流区。滑流覆盖区域复合流场迎角可能处于大迎角失速区域,也可能处于中间迎角状态,考虑到大迎角非线性、非定常气动力现象 (如图 1.5 所示),滑流–来流–机体耦合机理复杂。复合流场对

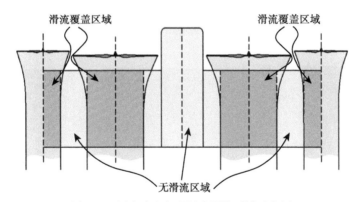

图 1.4 尾坐式飞行器滑流覆盖区域示意图

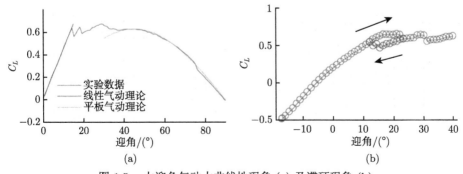

图 1.5 大迎角气动力非线性现象 (a) 及滞环现象 (b)

升力、阻力和俯仰力矩系数的影响，受到飞行器姿态 (俯仰角)、来流速度以及滑流速度的影响，气动力数据库的维度较高，计算、试验量大，且飞行控制系统难以应用高维复杂模型。需要解决的问题包括：摸清滑流–来流–机体耦合机理，提取出主要参数影响规律，构建出飞行控制系统可用的耦合气动力模型。

(2) 尾坐式飞行器起落架触地阶段稳定性问题。

由于地面倾斜、外部扰动或者飞行器本身的不对称性，尾坐式飞行器起飞时总是一侧起落架首先离开地面，从而进入起落架触地模式，此时起落架–地面耦合作用力对飞行器动力学产生显著的影响，进而使得飞行器绕地面接触点（而非飞行器重心）翻转。

图 1.6 为作者团队研制的尾坐式飞行器起降过程中的三个阶段。不同地面 (摩擦力差异)、不同操纵 (推力矢量及气动舵面) 对飞行器的稳定性影响显著，团队前期研究发现了机翼尾缘气动舵面存在操纵反效现象。飞行器垂直降落则总是单边起落架首先触地，此时前飞速度带来的动量也将诱导出对飞行器稳定性产生不利影响的力矩。为了实现尾坐式飞行器可靠起降，需要研究尾坐式飞行器起落架触地阶段起落架–地面耦合作用机理，建立稳定性判据，分析倾斜地面、降落时水平速度等因素对尾坐式飞行器稳定性影响的规律。

(a) 静态阶段   (b) 起落架触地阶段   (c) 悬停阶段

图 1.6   尾坐式飞行器离地过程三个典型阶段

(3) 尾坐式飞行器强侧风、突变风影响下高精度控制问题。

起降阶段，尾坐式飞行器机体竖直，容易受到阵风的干扰，在海况复杂的船舰上起降时抗风控制尤其重要。起飞时尾坐式飞行器通过低速前飞获得初始速度，着陆前尾坐式飞行器需要在悬停低速状态到达指定降落位置。如图 1.7 所示，在强侧风环境 (或前飞) 下，复合流场的迎角有可能超过失速迎角，此时气动力作用点由 1/4 弦线后移至 1/2 弦线，耦合流场产生较大的阻力及俯仰力矩，需要尾坐式飞行器机身倾斜以产生前向拉力，而俯仰角对竖直方向的力分量影响较大，需要增加推力以实现高度方向的配平。尾坐式飞行器的不同通道间也存在耦合，因此抗风高精度控制需要考虑飞行器的多通道耦合因素。为了消除舰面风等突变风的影响，需要控制器具有较强的鲁棒性，在机载传感器现有的精度、频带条件下，有效估计动态干扰，消除突变风对姿态和位置的影响。

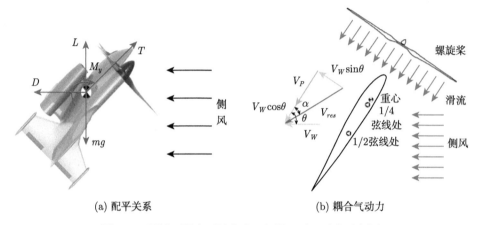

(a) 配平关系　　　　　　　　(b) 耦合气动力

图 1.7　强侧风影响下尾坐式飞行器配平及受力示意图

(4) 尾坐式飞行器执行器幅值和频带有限带来的控制问题。

在起降阶段，尾坐式飞行器飞行速度低，气动舵面当地动压 (由于来流和螺旋桨滑流形成的复合流场在气动舵面处的动压) 较小，因此气动舵面操纵效能不足；螺旋桨推力差或者倾斜盘控制受到尾坐式飞行器推重比有限 (1.2 左右) 的制约，也容易出现执行器饱和现象。考虑到起降阶段尾坐式飞行器飞行速度低，气动阻尼接近于零，飞行器的俯仰运动带来水平方向的推力分量，水平方向的运动产生俯仰力矩，因此尾坐式飞行器为弱阻尼不稳定系统。传统飞行器通常具有固有的阻尼和恢复力矩，气动舵面主要用于配平和增稳，执行器的相位滞后对系统稳定性影响有限，但执行器带宽对不稳定系统的闭环性能影响显著。相位滞后增加了尾坐式飞行器振荡的幅度，超出一定俯仰角范围后，为了保证飞行器高度通道配平，尾坐式飞行器俯仰通道可能失去操控能力。图 1.8 为小型尾坐式飞行器低速前飞时执行器饱和，飞行器纵向姿态振荡，进而俯仰通道发散失稳的过程。为了实现抗风鲁棒控制，需要探索执行器受限耦合不稳定系统的控制规律，研究综合多执行器的动态控制分配方法。

图 1.8   尾坐式飞行器低速前飞状态失稳过程

1.3   本书主要研究内容

本书研究对象为混合动力尾坐式垂直起降飞行器,围绕着其本体动力学和混合动力电推进系统进行飞推综合设计、建模及控制方法的探讨,共七章。

第 1 章主要介绍混合动力尾坐式垂直起降飞行器的发展背景和意义,并分别总结国内外目前的航空混合电推进技术、混合动力垂直起降飞行器飞推优化设计和尾坐式垂直起降飞行器动力学建模及控制的研究现状。

第 2 章主要介绍尾坐式垂直起降飞行器的动力学模型和混合动力推进系统模型的建立。首先给出典型混合动力尾坐式垂直起降飞行器的总体布局,并介绍作者所在清华大学团队研制的 THU-TS005 尾坐式无人机;然后分别建立水平飞行动力学模型和悬停阶段动力学模型,并在分析滑流–来流–机体耦合机理的基础上,提出耦合动力学模型表征方法;随后简要介绍了几种常用的混合动力系统架构,并从功耗、重量、效率三个方面着手,搭建混合动力系统模型并设计功率分配策略,给出垂直起降飞行器混合动力系统优化设计方法。

第 3 章重点介绍混合动力尾坐式垂直起降飞行器优化设计的具体实现与验证。首先在第 2 章的优化设计方法基础上,研究尾坐式垂直起降飞行器航时和航程的表达,给出飞行器达到最佳性能的条件;随后以原理验证机为设计平台验证设计方法和最优设计结果。

第 4 章介绍宽速域高效电动螺旋桨设计方法。首先建立电动螺旋桨气动模型表征方法；随后提出电动螺旋桨单独优化设计和电动螺旋桨推进系统协同优化设计方法；最后进行试验对优化设计结果进行验证。

第 5 章探讨分析尾坐式垂直起降飞行器垂直起降阶段的稳定性。首先构建起落架触地阶段无人机动力学模型；随后提出尾坐式垂直起降飞行器触地阶段稳定判据以及稳定裕度表征方法，基于此，分析开环控制情况下尾坐式垂直起降飞行器稳定性规律；接下来给出在闭环控制情况下尾坐式垂直起降飞行器稳定性规律，分析地面倾斜角、水平速度等因素对尾坐式垂直起降飞行器稳定性影响的规律，提出稳定、可靠控制方法；最后给出仿真及试验结果。

第 6 章主要介绍尾坐式垂直起降飞行器飞推综合控制方法和策略。首先提出基于特征模型与动态逆的鲁棒飞行控制方法；然后提出尾坐式垂直起降飞行器在飞行模式转换过程和强风条件下的控制策略；最后以第 2 章所介绍的 THU-TS005 样机为例，给出尾坐式垂直起降飞行器飞行试验结果。

第 7 章总结与展望，主要对本书内容进行总结，并提出垂直起降飞行器在飞推综合控制方面未来发展的问题所在。

本书编写过程中，始终围绕着混合动力尾坐式垂直起降飞行器的飞推综合设计、建模及控制的中心，使得本书具有前后章节关联性强、中心突出、内容全面的特点。

第 2 章 混合动力尾坐式垂直起降飞行器飞推耦合动力学建模

2.1 引　　言

在垂直起降飞行阶段,尾坐式飞行器的机身/机翼滑流区域流场复杂,大迎角飞行状态涉及强耦合、大范围非线性、非定常气动力等问题,并且多状态间也存在复杂的相互作用关系。为此,需要分析尾坐式飞行器滑流–来流–机体耦合流场的关键特征参数,构建尾坐式飞行器在典型飞行状态下的复合流场气动力数据库,研究风与尾坐式飞行器飞行状态耦合动力学模型表征方法,构建可用于控制的多状态复合动力学模型。此外,垂直起降飞行器在垂直起降阶段与巡航阶段存在功率需求差异大的问题,为此,需要构建混合动力系统模型,采用混合动力系统作为飞行器的推进系统,以提升飞行器的综合性能。

本章结构安排如下:2.2 节介绍清华大学作者所在团队研制的 THU-TS005 尾坐式无人机,给出主要动力学参数及设计特征;2.3 节给出无人机巡航飞行动力学模型、悬停动力学模型,并在分析滑流–来流–机体耦合机理的基础上,提出耦合动力学模型表征方法;2.4 节简要介绍几种常用的混合动力系统架构;2.5 节搭建混合动力系统电动机等重要组件的功耗、重量、效率模型,设计功率分配策略,给出垂直起降飞行器混合动力系统优化设计方法;2.6 节对本章进行小结。

2.2　典型尾坐式无人机简介

作者自 2016 年起设计并加工了一小型尾坐式垂直起降验证机,如图 2.1 所示,该无人机被命名为 THU-TS005。该无人机为翼身融合布局,推进系统由两组电推进螺旋桨组成,其中两个大螺旋桨和驱动电机安装在分布在机身两侧的垂直尾翼上 (也被用作尾坐式起落架),两个小螺旋桨,即电机系统安装在机翼的翼尖。该无人机的布局使得所有螺旋桨桨盘面积之和较大,从而降低无人机垂直起降时的最大功率需求。

无人机的尺寸见图 2.2,主要参数见表 2.1。该无人机机体采用 "硬质聚苯乙烯泡沫 + 玻璃纤维布 + 碳纤维杆 +3D 打印连接件" 的结构形式,图 2.3 展示了无人机的组装过程。

图 2.1 THU-TS005 尾坐式垂直起降验证机布局

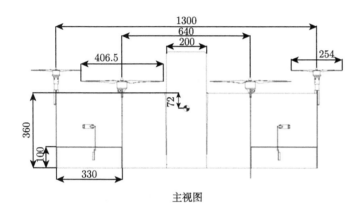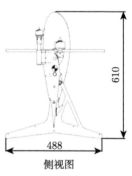

主视图

侧视图

图 2.2 尾坐式无人机布局和几何参数 (单位：mm)

表 2.1 THU-TS005 尾坐式无人机主要参数

参数	数值
参考弦长 $\bar{c}$/m	0.360
展长 l/m	1.300
机翼面积 S/m^2	0.468
重量 (其中电池重量为 1.16kg)/kg	4.600
最大推力 T_{max}/N	80.00
最大起飞重量 /kg	6.700
起落架纵向长度 L_{long}/m	0.488
起落架横向宽度 $L_{lateral}$/m	0.640
飞行器重心高度 h/m	0.288

图 2.3 THU-TS005 分部件结构

原理验证机的推进系统主要由无刷直流电动机、电子调速器、螺旋桨组成。电机采用恒力源 4114-370KV 和 JFRC2810-750KV 型号无刷直流电机。4114-370KV 电机最大功率 600W，配 16in (1in=2.54cm) 木桨，静推力 28.6N。JFRC2810-750KV 电机最大功率 247W，配 10in 木桨，静推力 13N。电调采用的是 Skywalker-40A-UBEC 和 Skywalker-60A-UBEC 无刷电调分别与电机配备，支持无刷电机最高转速，有定速功能。翼面操纵舵机采用 Futaba S9206 金属齿舵机。为原理验证机提供能源的是两个 6s 2200mA·h 电池和两个 4s 2600mA·h 电池，可循环充放电，每节电池标称电压 3.7V，充满电 4.2V。

2.3　尾坐式垂直起降飞行器耦合动力学建模

2.3.1　水平飞行阶段动力学模型

无人机水平飞行速度约为 20m/s，其平均气动弦长为 0.3m。在标准大气环境下，设计巡航状态雷诺数为 406690。由于无尾式布局且机翼没有后掠，因此选取低零升俯仰力矩系数的翼型，可以使得飞行器在更大范围内保持高巡航效率飞行，基于此且考虑到翼型的厚度因素，我们从 MH 系列翼型数据库中选取了 MH 91 翼型，该翼型的几何数据及气动参数如图 2.4 所示。

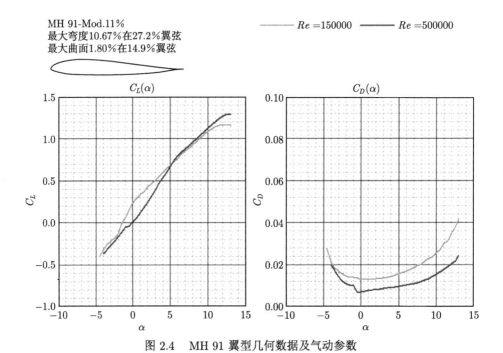

图 2.4　MH 91 翼型几何数据及气动参数

采用涡格法计算得到常规气动模型,涡格法计算模型及主要计算结果如图 2.5 及表 2.2 所示。为了使得实际的阻力系数更加符合真实情况,采用经验公式来计算无人机各部件附加阻力用于修正涡格法计算结果。

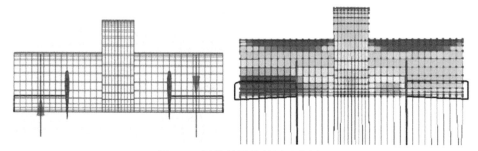

图 2.5 涡格法计算结果示意图

表 2.2 THU-TS005 尾坐式无人机巡航状态参数

气动系数	数值
C_{L0}	0
$C_{L\alpha}$	$0.044(^\circ)^{-1}$
C_{D0}	0.09
C_{m0}	0.016
$C_{m\alpha}$	$-0.0029(^\circ)^{-1}$
$C_{m\delta_e}$	$-0.0167(^\circ)^{-1}$
$C_{l\delta_a}$	$-0.004(^\circ)^{-1}$
$C_{n\beta}$	$-0.0042(^\circ)^{-1}$
$C_{l\beta}$	$0.00005(^\circ)^{-1}$
$C_{Y\beta}$	$-0.0233(^\circ)^{-1}$
C_{Lq}	8.4213 rad/s
C_{mq}	-3.0536 rad/s
C_{lq}	-0.3209 rad/s
C_{lr}	0.03066 rad/s
C_{np}	0.01297 rad/s
C_{nr}	-0.00434 rad/s

无人机阻力系数可以表示为

$$C_D = C_{D0} + \frac{C_L^2}{\pi e \mathrm{AR}} \tag{2-1}$$

其中,升力系数为

$$C_L = \frac{W}{\frac{1}{2}\rho v^2 S_{ref}} \tag{2-2}$$

其中，AR 是机翼的展弦比，e 是展向效率，通常处于 0.65～0.95，采用如下公式计算得到：

$$e = \frac{2}{2 - AR + \sqrt{4 + AR^2}} \tag{2-3}$$

无人机附加阻力系数采用经验公式计算得到：

$$C_{D0} = C_{F,e} \left(\frac{S_w}{S_{ref}} \right)$$

$$C_{F,e} = 0.00258 + 0.00102 \exp\left(-6.28 \times 10^{-9} Re_l\right) + 0.00295 \exp\left(-2.01 \times 10^{-8} Re_l\right)$$

$$Re_l = \left(\frac{\rho V}{\mu} \right) k_1 \left(\frac{S_{ref}}{b} \right)^{k_2} \tag{2-4}$$

其中，Re_l 是雷诺数，对于无尾布局飞行器，k_1=2.2，k_2=1。

浸润面积通过机翼参考面积估算得到：

$$S_w = C S_{ref}^{0.85} \tag{2-5}$$

其中，C 取为 7.6。

垂直起降飞行器在起降过程中主要进行纵向机动，包括前向移动、竖直方向移动和俯仰运动，而横侧向移动较少，飞行控制系统保持横航向稳定即可，因此纵向运动是飞行控制系统控制增稳的重点。本节将建立飞行器纵向动力学模型。

俯仰角是纵向姿态控制的对象，将其引入纵向状态量，纵向动力学方程为

$$\begin{cases} \dot{V}_{xg} = (F_{axg} + F_{Txg})/m \\ \dot{V}_{zg} = (F_{azg} + F_{Tzg})/m \\ \dot{q} = (M_{ay} + M_{Ty})/I_y \\ \dot{\theta} = q \end{cases} \tag{2-6}$$

其中，动力系统操纵力和力矩为

$$\begin{cases} F_{Txg} = T_{total} \cos \theta \\ F_{Tzg} = -T_{total} \sin \theta \\ M_{Ty} = T_{upper} z_{upper} + T_{under} z_{under} \end{cases} \tag{2-7}$$

气动力在机体轴分量为

$$\begin{cases} F_{axg} = -D \cos \gamma - L \sin \gamma \\ F_{azg} = D \sin \gamma - L \cos \gamma \end{cases} \tag{2-8}$$

其中，γ 为航迹倾斜角。

阻力、升力和气动俯仰力矩为

$$
\begin{cases}
D = QS\left(C_{D0} + C_{D\alpha}\alpha + \dfrac{c}{2v_t}C_{Dq}q\right) \\[2mm]
L = QS\left(C_{L0} + C_{L\alpha}\alpha + \dfrac{c}{2v_t}C_{Lq}q\right) \\[2mm]
M_{ay} = QS\left(C_{m0} + C_{m\alpha}\alpha + \dfrac{c}{2v_t}C_{mq}q + C_{m\delta_e}\delta_e\right)
\end{cases}
\tag{2-9}
$$

其中，Q 为动压，S 为参考面积，C_{D0}、$C_{D\alpha}$、C_{Dq}、C_{L0}、$C_{L\alpha}$、C_{Lq}、C_{m0}、$C_{m\alpha}$、C_{mq}、$C_{m\delta_e}$ 为纵向气动力导数，v_t 为飞行速率，c 为飞行器平均气动弦长。

2.3.2 悬停阶段动力学模型

图 2.6 展示了尾坐式无人机在悬停阶段的坐标系定义和受力分析，其四个螺旋桨给出的推力在垂直坐标系下为

$$
\begin{aligned}
\boldsymbol{f}_1^b = \begin{pmatrix} 0 & 0 & -f_1 \end{pmatrix}^{\mathrm{T}}, \quad
\boldsymbol{f}_2^b = \begin{pmatrix} 0 & 0 & -f_2 \end{pmatrix}^{\mathrm{T}} \\
\boldsymbol{f}_3^b = \begin{pmatrix} 0 & 0 & -f_3 \end{pmatrix}^{\mathrm{T}}, \quad
\boldsymbol{f}_4^b = \begin{pmatrix} 0 & 0 & -f_4 \end{pmatrix}^{\mathrm{T}}
\end{aligned}
\tag{2-10}
$$

重力为

$$
\boldsymbol{G}^I = \begin{pmatrix} 0 & 0 & mg \end{pmatrix}^{\mathrm{T}}
\tag{2-11}
$$

由舵面提供的气动力为

$$
\boldsymbol{F}_{\delta 1}^b = \begin{pmatrix} -L_{\delta 1} & 0 & D_{\delta 1} \end{pmatrix}^{\mathrm{T}}, \quad
\boldsymbol{F}_{\delta 2}^b = \begin{pmatrix} -L_{\delta 2} & 0 & D_{\delta 2} \end{pmatrix}^{\mathrm{T}}
\tag{2-12}
$$

其中

$$
\begin{aligned}
L_{\delta 1} = Q_1 S_\delta C_{L_\delta}\delta_1, \quad D_{\delta 1} = Q_1 S_\delta C_{D_\delta}\delta_1 \\
L_{\delta 2} = Q_2 S_\delta C_{L_\delta}\delta_2, \quad D_{\delta 2} = Q_2 S_\delta C_{D_\delta}\delta_2
\end{aligned}
\tag{2-13}
$$

动压的计算要考虑螺旋桨滑流，根据动量理论，螺旋桨圆盘处的滑流带来的动压为

$$
Q = \frac{4f}{\pi d^2}
\tag{2-14}
$$

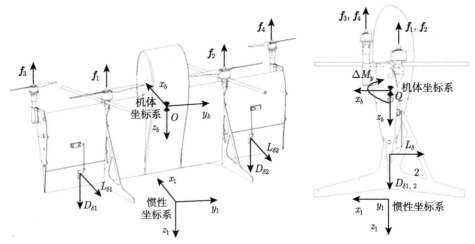

图 2.6　尾坐式无人机在悬停阶段的坐标系定义和受力分析

因此式 (2-13) 中的动压 Q_1 和 Q_2 可简化表示为

$$Q_1 = \kappa \frac{4f_1}{\pi d_1^2} + (1 - \kappa) \frac{4f_3}{\pi d_2^2}$$
$$Q_2 = \kappa \frac{4f_2}{\pi d_1^2} + (1 - \kappa) \frac{4f_4}{\pi d_2^2} \tag{2-15}$$

其中，d_1 是大螺旋桨的直径，d_2 是小螺旋桨的直径，κ 为比例系数。

则悬停阶段该尾坐式无人机的纵向动力学模型为

$$\begin{cases} I_{yy}\ddot{\theta} = M_{Ty} - L_{ele}\,(h - h_{ele}) + \Delta M_y \\ m\ddot{x}_{oI} = -\,(T - D_{ele})\sin\theta - L_{ele}\cos\theta \\ m\ddot{z}_{oI} = mg - (T - D_{ele})\cos\theta + L_{ele}\sin\theta \end{cases} \tag{2-16}$$

其中

$$L_{ele} = L_{\delta 1} + L_{\delta 2}$$
$$D_{ele} = D_{\delta 1} + D_{\delta 2} \tag{2-17}$$
$$M_{Ty} = (f_3 + f_4)\,x_{34} - (f_1 + f_2)\,x_{12}$$

2.3.3　滑流–来流–机体耦合动力学建模

尾坐式飞行器在起降阶段螺旋桨滑流、来流和机体耦合，部分机身/机翼无滑流，无滑流区域复合流场处于大迎角状态时，部分机身/机翼处于滑流区。滑流覆盖区域复合流场迎角可能处于大迎角失速区域，也可能处于中间迎角状态，滑流–来流–机体耦合机理复杂。本章采用 CFD 模拟尾坐式飞行器悬停状态不同姿态、风状态的稳态流场，构建基于螺旋桨滑流速度、来流速度和机身迎角的气动力数据库。

CFD 计算状态为无人机悬停状态，存在正对机翼表面的侧风，风速分别取 3m/s、4.5m/s、6m/s 和 7.5m/s。以悬停状态为基准 (侧风 0m/s)，配置螺旋桨转速，以满足大桨 1.3kg，小桨 1kg 的要求，因螺旋桨的翼型、多螺旋桨间相互影响和计算软件模型等多种因素影响，满足预定拉力的转速与试验给定值有较大差异，这里通过试算调整，最终设定大桨 (1654[①]) 桨尖速度为 107m/s，小桨 (1047[②]) 桨尖速度为 170 m/s。图 2.7 为 CFD 耦合流场计算模型，表 2.3 和图 2.8 为计算结果。

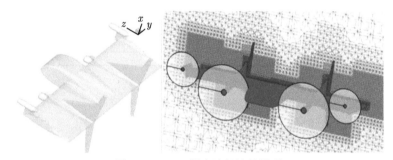

图 2.7　CFD 耦合流场计算模型

表 2.3　CFD 气动力结果

侧风/(m/s)	小桨拉力/N	大桨拉力/N	气动力 F_x/N	气动力 F_z/N
3	10.12	13.70	17.33	1.13
4.5	10.36	14.61	18.08	1.89
6	10.56	15.44	21.92	2.38
7.5	10.64	15.95	29.21	2.85

尾坐式飞行器部分机身/机翼处于滑流区，部分机身/机翼处于无滑流区。通过复合速度和复合迎角表征滑流区气动力模型，在无滑流区采用飞行器来流速度和迎角表征气动力模型，在此基础上，增加耦合项表征复合影响量。以俯仰力矩系数为例：

$$C_m\left(\alpha, \alpha', \lambda\right) = C_m\left(\alpha\right) + C_m'\left(\alpha', \lambda\right) + C_{m\_coupled}\left(\alpha, \alpha', \lambda\right) \tag{2-18}$$

其中，$\lambda = \left(v_{prop}/V\right)^2$ 为代表滑流来流动压比值的特征参数。

---

① 一种螺旋桨规格，直径 16in，螺距 5.4in。

② 一种螺旋桨规格，直径 10in，螺距 4.7in。

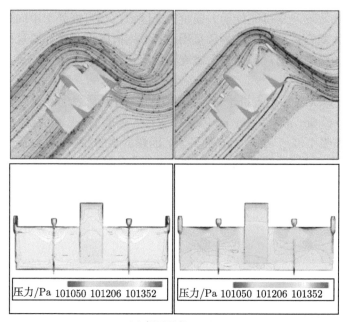

(a) 侧风强度: 3m/s

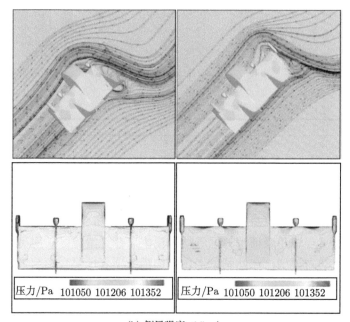

(b) 侧风强度: 4.5m/s

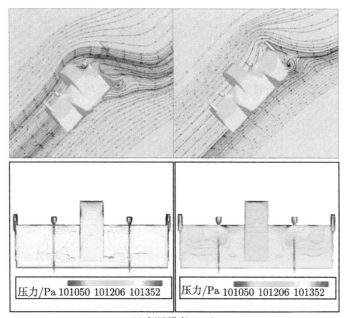

(c) 侧风强度: 6m/s

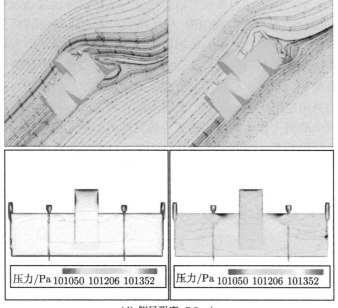

(d) 侧风强度: 7.5m/s

图 2.8 尾坐式飞行器悬停状态风–滑流耦合流场 CFD 计算结果

2.4　混合动力系统架构

混合动力推进系统原理示意如图 2.9 所示。主要构成有电池等储能元件、电机、控制器、发动机 (一般为内燃机),以及螺旋桨或风扇等。

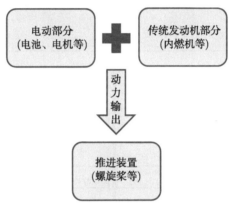

图 2.9　混合动力推进系统原理示意图

从连接方式上,混合动力系统可以大致分为串联混合动力系统和并联混合动力系统。串联混合动力系统构型如图 2.10 所示,发电机和电动机分离,发动机将燃油的化学能释放出来,转化为机械能后通过机械传动带动发电机,将机械能转化成电能,由电能来驱动电动机带动螺旋桨或风扇装置,多余的电能可储存在电池等储能系统中,若发电机提供的电能不足则由电池进行补充。由于串联式构型中的螺旋桨只由电动机驱动,因而有更多的布局方式,一台发动机可以通过电传动带动多台电动机工作。串联式构型中的发动机和电动机解耦,传动简单且不需要考虑功率匹配问题,控制器的设计并不复杂。但是由于需要由电池来提供功

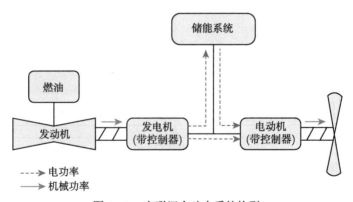

图 2.10　串联混合动力系统构型

率，所以对于电池的功率密度要求较高，并且对比并联式构型，其发电机和电动机是分离的，整个推进系统的重量会增加。

根据内燃机的工作状况和需求功率，发动机在不同的工作模式下的状态如图 2.11 所示。若发电机提供的功率不足以支持飞行器的功率需求，则不足部分的功率可以由电池提供，此时串联混合动力系统在电池放电模式 (图 2.11(b)) 工作；若发电机提供的功率超过飞行器功率需求，可将多余能量储存在电池中，则串联混合动力系统在电池充电模式 (图 2.11(c)) 工作；若发电机恰好能够提供所需功率，则电池不工作，串联混合动力系统在纯内燃机模式 (图 2.11(a)) 工作；在特殊时刻可以只由电池放电提供能量，此时串联混合动力系统在电池放电模式 (图 2.11(d)) 工作。

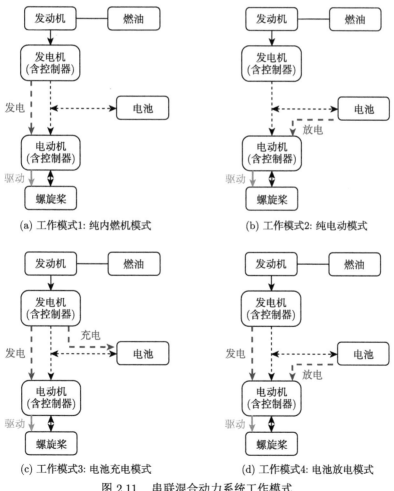

(a) 工作模式1: 纯内燃机模式　　　　(b) 工作模式2: 纯电动模式

(c) 工作模式3: 电池充电模式　　　　(d) 工作模式4: 电池放电模式

图 2.11　串联混合动力系统工作模式

除此之外，若螺旋桨转速过高还可启动风车能量回收模式，螺旋桨制动电机将多余能量储存在电池中。

并联混合动力系统构型如图 2.12 所示，其中发电机和电动机一体，发动机和电机耦合，发动机将燃油的化学能转化为机械能，若发动机提供的功率超过需求，则一部分机械能直接带动螺旋桨，电机以发电机的模式工作，将其余部分的机械能转换为电能储存在电池中。如果发动机的能量不足，则电机以电动机模式工作，将储能系统中的电能转换为机械能，由发动机输出轴和电机输出轴进行机械耦合，共同驱动动力装置。并联式构型中电动机和发电机一体化，使整个推进系统的重量减轻，但由于并联式构型电机频繁改变工作状态，对电机的要求较高，且发动机和电机需要耦合，机械耦合装置的设计有一定难度。

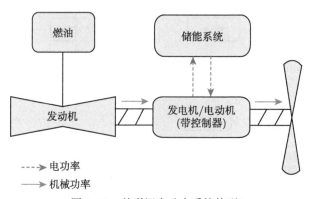

图 2.12　并联混合动力系统构型

在并联式构型中发电机和电动机是一体的，根据内燃机的功率来选择电机工作模式。并联混合动力系统的工作模式如图 2.13 所示。若发动机提供的功率不足以支持飞行器功率需求，则不足部分的功率可以由电池提供，电机切换到电动机状态，并联混合动力系统在电动机模式 (图 2.13(c)) 工作；若发动机提供的功率超过飞行器功率需求，可将多余能量储存在电池中，电机切换到发电机模式，则并联混合动力系统在发电机模式 (图 2.13(b)) 工作；若发动机恰好能够提供所需功率，则电机不工作，并联混合动力系统在纯内燃机模式 (图 2.13(a)) 工作；在特殊时刻可以只由电池放电提供能量，此时并联混合动力系统在纯电动模式 (图 2.13(d)) 工作。

串联混合动力系统和并联混合动力系统也可以进行结合形成混联式动力系统构型。如果发动机为涡轮机，还可以延展出其他的涡电构型。涡电式混合动力构型中，所有动力均源自发动机，发动机带动发电机进而驱动电机和风扇，实现分布式动力。在部分涡电系统中发动机除了提供分布式动力外，还需要直驱风扇，保持原有的涡轮风扇发动机部分功能。

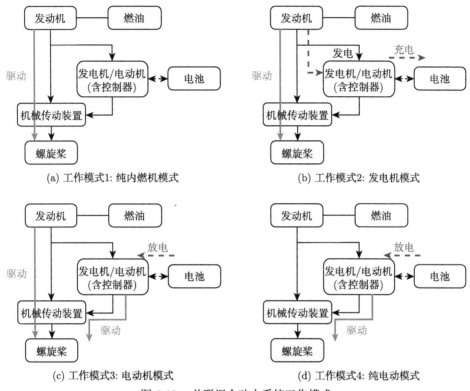

(a) 工作模式1: 纯内燃机模式　　　　　(b) 工作模式2: 发电机模式

(c) 工作模式3: 电动机模式　　　　　(d) 工作模式4: 纯电动模式

图 2.13　并联混合动力系统工作模式

2.5　混合动力系统模型及设计方法

本节描述了尾坐式飞行器串联混合系统特性的物理数学模型，包括功耗模型、重量模型和效率模型，并且针对混合动力的特性，将电池用于在大功率起飞和着陆阶段提供额外的动力，使发动机的设计能够在巡航飞行期间实现最大效率，由此设计了功率分配策略。在模型的基础上得到尾坐式飞行器串联混合动力的设计方法。

2.5.1　功耗模型

任务剖面被简化为两个飞行阶段：悬停飞行和定速水平飞行（平飞）。在悬停飞行阶段采用旋翼飞行器的功耗模型，而在平飞阶段则使用固定翼飞行器的功耗模型。

利用动量理论，悬停飞行阶段驱动螺旋桨工作的电动机功耗的方程如下：

$$P_h = \frac{T^{3/2}}{\eta_{prop-h}\sqrt{2\rho A_t}} \tag{2-19}$$

其中，T 是所有螺旋桨产生的净推力，η_{prop-h} 是悬停飞行中的螺旋桨效率，ρ 是空气密度，A_t 是所有螺旋桨盘的总面积。

悬停飞行阶段消耗的总能量如下：

$$E_h = \int_0^{t_h} P_h \mathrm{d}t \tag{2-20}$$

其中，t_h 是悬停飞行阶段的持续时间。平均功率消耗是在假设净推力 T 等于飞行器起飞重量 W_{to} 的情况下估计的。

那么悬停阶段消耗的总能量由下式给出：

$$E_h = \frac{t_h W_{to}^{3/2}}{\eta_{prop-h}\sqrt{2\rho A_t}} \tag{2-21}$$

平飞的功耗模型是基于传统的二次阻力极坐标模型。气动升力为

$$L = \frac{\rho V^2 S_{ref} C_L}{2} \tag{2-22}$$

其中，C_L 是升力系数，V 是巡航空速，ρ 是大气密度，S_{ref} 是飞行器的参考面积。

飞行器上的阻力为

$$D = \frac{\rho V^2 S_{ref}}{2}\left(C_{D0} + kC_L^2\right) \tag{2-23}$$

其中，C_{D0} 是飞行器的零升阻力系数，$k = 1/(\pi \mathrm{AR}e)$ 是升致阻力系数，AR 是展弦比，e 是展向效率。巡航时的功率需求为

$$P_c = \frac{DV}{\eta_{prop-c}} \tag{2-24}$$

其中，η_{prop-c} 是巡航过程的螺旋桨效率。平飞阶段消耗的总能量为

$$E_c = \int_0^{t_c} P_c \mathrm{d}t \tag{2-25}$$

其中，t_c 是平飞阶段的持续时间，也就是航时。假设定速巡航，巡航阶段消耗的总能量由下式给出：

$$E_c = \frac{DV t_c}{\eta_{prop-c}} \tag{2-26}$$

2.5.2 重量及效率模型

长航时和长航程是混合动力尾坐式飞行器动力系统设计追求的核心目标，飞行器平台的航程和航时由推进系统的重量和能量转换效率决定。本小节给出推进系统部件的重量及效率模型，在此基础上结合功耗模型和功率分配策略得到的计算模型如图 2.14 所示。

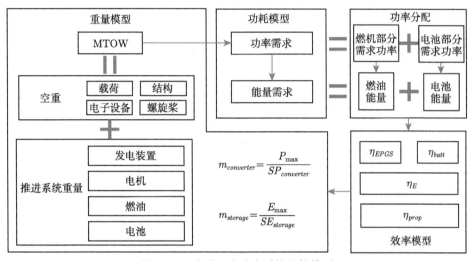

图 2.14 串联混合动力系统计算模型

推进系统总能量转换效率取决于相关组件的效率。根据图 2.11 所示的工作模式，串联混合动力系统的效率由图 2.15 所示的两条能量传递路径的组合决定。为方便后续研究，将发动机和发电机组成的装置称为混合发电机 (Hybrid Engine Generator, HEG)。

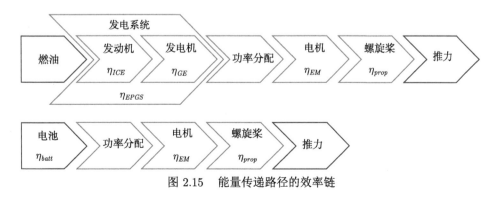

图 2.15 能量传递路径的效率链

电力推进的效率链由电池到螺旋桨的效率表示，$\eta_{b-p} = \eta_{batt}\eta_{EM}$ (不包括螺旋桨效率)。燃料到螺旋桨的总转换效率为 $\eta_{f\text{-}p} = \eta_{ICE}\eta_{GE}\eta_{EM}$。

关于重量模型，对于能量转换器 (如电机和发电装置)，重量与最大输出功率之间存在统计关系。这一模型可以简化为线性模型，写为

$$m_{converter} = \frac{P_{\max}}{\text{SP}_{converter}} \tag{2-27}$$

其中，$P_{\max}$ 是能量转换器的最大输出功率，$\text{SP}_{converter}$ 是能量转换器的比功率。

电池组和燃料的重量是其储存能量的线性函数：

$$m_{storage} = \frac{E_{\max}}{\text{SE}_{storage}} \tag{2-28}$$

其中，$E_{\max}$ 是存储的能量，$\text{SE}_{storage}$ 是比能量。

特别地，电池组的重量要同时满足功率和能量的要求。主要部件的重量模型总结在表 2.4 中。表 2.5 给出了当前技术水平下适用于小型飞行器的部件参数。

表 2.4　主要部件重量模型

部件	重量模型
电机	$m_{EM} = \dfrac{P_{EM\,\max}}{\text{SP}_{EM}}$
混合发电机	$m_{HEG} = \dfrac{P_{HEG\,\max}}{\text{SP}_{dev}}$
燃油	$m_{fuel} = \dfrac{E_{fuel\,\max}}{\text{SE}_{fuel}}$
电池	$m_{batt} = \max\left\{\dfrac{P_{batt\,\max}}{\text{SP}_{batt}}, \dfrac{E_{batt\,\max}}{\text{SE}_{batt}}\right\}$

表 2.5　部件技术参数 (适用于小型飞行器)

部件	效率	比功率	比能量
电机	95%×98%	3 kW/kg	\
发电装置	900g/(kW·h)	0.5kW/kg	\
燃油	\	\	12kW·h/kg
电池	80%	1.6kW/kg	0.16kW·h/kg

2.5.3　功率分配策略

根据功耗模型，功率和能量需求由飞行器的总起飞重量决定，在本章中将起飞重量分为推进系统重量和其余重量：

$$W_{to} = W_{pro} + W_{eo} \tag{2-29}$$

其中，W_{eo} 是空运行重量，包括有效载荷重量、结构重量、航空电子设备重量和螺旋桨重量；W_{pro} 是由四个主要部件组成的推进系统重量，即

$$W_{pro} = W_{EM} + W_{HEG} + W_{fuel} + W_{batt} \tag{2-30}$$

式中，W_{EM} 是电动机重量，W_{HEG} 是发电装置重量，W_{fuel} 是燃料重量，W_{batt} 是电池重量。

每个部件的最大需求功率由飞行要求、功率分配策略和部件效率决定。飞行器在悬停阶段有短期大功率需求，在平飞阶段有长期低功率需求。考虑到燃料的高比能量特点和电池的高比功率特点，采用如下的功率分配策略：

在水平飞行阶段，推进系统以纯发动机模式运行。发电系统的理想工作点设计为飞行器的巡航功率。在悬停阶段，推进系统以电池放电模式运行。发电系统工作在额定功率点，电池组提供不足的功率。

在串联式混合配置中，螺旋桨由电机直接驱动。电机的功率需求由悬停飞行时的最大推力决定。根据式 (2-19)，电机的功率要求为

$$P_{EM\text{-}quir} = \frac{[W_{to}(T/W)_{\max}]^{\frac{3}{2}}}{\eta_{prop\text{-}h}\sqrt{2\rho A_t}} \tag{2-31}$$

其中，$(T/W)_{\max}$ 是需求的最大推重比。混合发电机的功率由巡航功率需求决定：

$$P_{HEG\text{-}quir} = \frac{\rho V^3 S_{ref}}{2\eta_{EM}\eta_{prop\text{-}c}} \left(C_{D0} + \frac{C_L^2}{\pi \mathrm{AR}e} \right) \tag{2-32}$$

电池组的功率需求由以下等式给出：

$$P_{batt\text{-}quir} = \frac{P_{EM\text{-}quir}}{\eta_{EM}} - P_{HEG\text{-}quir} \tag{2-33}$$

所需的燃料能量由 $P_{HEG\text{-}quir}$ 和飞行器的航时决定：

$$E_{fuel\text{-}quir} = P_{HEG\text{-}quir}(t_h + t_c) \tag{2-34}$$

电池的能量需求由电池的电力需求和悬停时间计算得出：

$$E_{batt\text{-}quir} = P_{batt\text{-}quir}t_h \tag{2-35}$$

2.5.4 设计方法

推进系统设计流程如图 2.16 所示。对于给定的尾坐式飞行器设计平台，已经确定了空气动力学参数、结构尺寸参数、空载重量，以及螺旋桨的相关参数。此外，设计要求是根据任务需求和最大升力系数限制确定的。

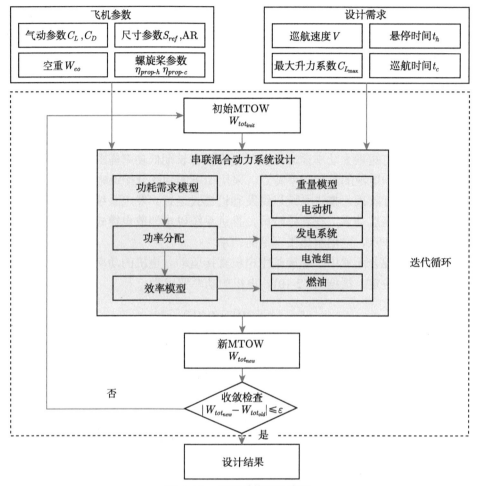

图 2.16　推进系统设计流程

　　功耗取决于飞行器的最大起飞重量,即空载重量和推进系统重量之和。然而,推进系统的设计取决于最大起飞重量,因此必须进行迭代过程。

　　给定最大起飞重量的初始猜测值,使用如图 2.14 所示的模型设计混合电力推进系统的重量和功率。然后使用推进系统的设计重量更新飞行器的最大起飞重量。这个更新的最大起飞重量被用作推进系统设计过程的下一次运行的输入。该计算循环运行,直到最大起飞重量收敛到允许的误差范围内。

2.6　小　　结

　　本章首先建立了尾坐式飞行器的动力学模型,分析了不同飞行阶段的动力学特性,针对在垂直起降飞行阶段,尾坐式飞行器机身/机翼滑流区域流场复杂,大迎角飞行状态涉及强耦合、大范围非线性、非定常气动力，且多状态间也存在复杂相互作用关系的问题，建立了滑流–来流–机体耦合动力学模型。

　　垂直起降固定翼飞行器在起降阶段和巡航阶段存在功率需求差异大的问题，且推进系统对重量要求苛刻。针对这些设计难点，混合动力系统可以作为解决方案。本章介绍了几种典型的混合动力系统架构，并给出了推进系统的设计要求；随后给出了垂直起降固定翼飞行器典型任务剖面，以及各飞行阶段推进功率需求；基于统计数据搭建了混合动力系统电动机等重要组件的重量、效率模型；在此基础上提出了垂直起降飞行器混合动力系统优化设计方法。

第 3 章 混合动力尾坐式垂直起降飞行器飞推综合优化设计

3.1 引 言

垂直起降固定翼飞行器的推进系统对重量限制要求高,必须实现高比功率,若推进系统重量过高会导致整机重量增加,功率需求再次提高,造成恶性循环。垂直起降固定翼飞行器的推进系统还要求高效率。为了追求尾坐式飞行器的高航时高航程,需要研究推进系统的优化设计。本章结构安排如下:3.2 节在第 2 章的设计方法基础上,研究了尾坐式飞行器航时和航程的表达,给出了飞行器达到最佳性能的条件;3.3 节以原理验证机为设计平台验证了设计方法和最优设计结果;3.4 节对本章进行小结。

3.2 飞行器最大航时和航程性能影响分析

该飞行器的航时和航程通过下式估算:

$$t_c = \frac{E_{tot} - E_h}{P_c} \tag{3-1}$$

$$R = t_c V \tag{3-2}$$

其中,E_{tot} 是混合电力推进系统的总的有效电能,计算公式为

$$E_{tot} = \eta_{b\text{-}p} SE_{batt} \frac{W_{batt}}{g} + \eta_{f\text{-}p} SE_{fuel} \frac{W_{fuel}}{g} \tag{3-3}$$

可以采用无量纲速度比 $b = V/V_{(L/D)_{\max}}$ 进行分析,其中 $V_{(L/D)_{\max}} = \sqrt{2\sqrt{k/C_{D0}}/\rho S}$ $\cdot W_{to}^{1/2}$ 是飞行器在最大升阻比 $(L/D)_{\max} = 1/\sqrt{4C_{D0}k}$ 条件下的配平速度。这个最大升阻比取决于气动参数。那么空速可以表示为 b 的函数,形式为

$$V = b\sqrt{\frac{2}{\rho S}\sqrt{\frac{k}{C_{D0}}}} W_{to}^{1/2} \tag{3-4}$$

在推进系统设计阶段,每个部件的重量都可以表示为 W_{to} 的函数:

$$W_{EM} = AW_{to}^{3/2} \tag{3-5}$$

$$W_{batt} = BW_{to}^{3/2} \tag{3-6}$$

$$W_{HEG} = C\phi(b)W_{to}^{3/2} \tag{3-7}$$

$$W_{fuel} = W_{to} - W_{eo} - W_{batt} - W_{EM} - W_{HEG} \tag{3-8}$$

其中，

$$A = \frac{g(T/M)_{\max}^{3/2}}{SP_{EM}\eta_{EM}\eta_{prop\text{-}h}\sqrt{2\rho A_t}}$$

$$B = \max\left\{\frac{1}{SP_{batt}}, \frac{t_h}{SE_{batt}}\right\} \frac{g(T/M)_{\max}^{3/2}}{\eta_b\eta_{EM}\eta_{prop\text{-}h}\sqrt{2\rho A_t}}$$

$$C = \frac{g}{SP_{HEG}\eta_{EM}\eta_{prop\text{-}c}}$$

$$\phi(b) = \sqrt{\frac{2k}{\rho S}\sqrt{kC_{D0}}}\left(b^3 + \frac{1}{b}\right)$$

3.2.1 纯电动构型

对于电池供电的飞行器 (其中 $W_{fuel} = W_{HEG} = 0$)，电池的重量可以改写为

$$W_{batt} = W_{to} - W_{eo} - AW_{to}^{3/2} \tag{3-9}$$

航时由下式给出：

$$t_c^{f\text{-}e} = \frac{f^{f\text{-}e}(W_{to})}{\phi(b)} \tag{3-10}$$

其中，

$$f^f(W_{to}) = D(W_{to}^{-1/2} - W_{eo}W_{to}^{-3/2}) - (AD + E) \tag{3-11}$$

$$D = \frac{SP_{EM}\eta_b\eta_{EM}\eta_{prop\text{-}h}}{g} \tag{3-12}$$

$$E = \frac{t_h}{\sqrt{2\rho A_t}} \tag{3-13}$$

式 (3-10) 中分子是 W_{to} 的函数，分母是 b 的函数。在不考虑气动约束的条件下 (即分子和分母相互独立)，分子取最大值且分母取最小值时对应航时取最大值。因此最长航时对应的 W_{to} 是通过 t_c 对 W_{to} 求导并等于零来获得的，即方程

$$\frac{\mathrm{d}f^{f\text{-}e}(W_{to})}{\mathrm{d}W_{to}} = \frac{D}{2}\left(3W_{eo}W_{to}^{-5/2} - W_{to}^{-3/2}\right) = 0 \tag{3-14}$$

从中获得最长航时的 $W_{to}|_{be}$：

$$W_{to}|_{be}^{f\text{-}e} = 3W_{eo} \tag{3-15}$$

对应的最佳速度比 $b|_{be}$ 可由类似方法得出以下等式：

$$\frac{\mathrm{d}\phi(b)}{\mathrm{d}b} = \sqrt{\frac{2k}{\rho S}\sqrt{kC_{D0}}}\left(3b^2 - \frac{1}{b^2}\right) = 0 \tag{3-16}$$

$$b|_{be}^{f\text{-}e} = 1/\sqrt[4]{3} \tag{3-17}$$

航程是通过速度乘以航时获得的，即

$$R^{f\text{-}e} = \frac{g^{f\text{-}e}(W_{to})}{\psi(b)} \tag{3-18}$$

其中，

$$g^{f\text{-}e}(W_{to}) = D - DW_{eo}W_{to}^{-1} - (AD + E)W_{to}^{1/2} \tag{3-19}$$

$$\psi(b) = \sqrt{kC_{D0}}\left(b^2 + \frac{1}{b^2}\right) \tag{3-20}$$

类似航时分析，最大航程对应的 W_{to} 是通过将航程对 W_{to} 的导数为零来获得的，即 $\dfrac{\mathrm{d}g^{f\text{-}e}(W_{to})}{\mathrm{d}W_{to}} = 0$，最佳 W_{to} 为

$$W_{to}|_{br}^{f\text{-}e} = \left(\frac{2D}{AD + E}W_{eo}\right)^{2/3} \tag{3-21}$$

对应最佳速度比 $b|_{br}$ 是通过航程对 b 的导数设为零来获得的，即 $\dfrac{\mathrm{d}\psi(b)}{\mathrm{d}b} = 0$，解得

$$b|_{br}^{f\text{-}e} = 1 \tag{3-22}$$

3.2.2　串联混合构型

串联混合动力垂直起降飞行器的航时表示为

$$t_c^{h\text{-}e} = \frac{f^{h\text{-}e}(W_{to})}{\phi(b)} - FC - t_h \tag{3-23}$$

其中，

$$f^{h\text{-}e}(W_{to}) = F\left(W_{to}^{-1/2} - W_{eo}W_{to}^{-3/2} - A - B\right) \tag{3-24}$$

$$F = \frac{\eta_{prop\text{-}c}\eta_{EM}\eta_{HEG}SE_{fuel}}{g} \tag{3-25}$$

最长航时对应的 W_{to} 可令 $\dfrac{\partial t_c^h}{\partial W_{to}} = 0$ 获得

$$\frac{\mathrm{d}f^{h\text{-}e}(W_{to})}{\mathrm{d}W_{to}} = F\left(\frac{3}{2}W_{eo}W_{to}^{-5/2} - \frac{1}{2}W_{to}^{-3/2}\right) = 0 \tag{3-26}$$

最优的速度比 b 是通过 $\dfrac{\partial t_c^h}{\partial b} = 0$ 获得的，即 $\dfrac{\mathrm{d}\phi(b)}{\mathrm{d}b} = 0$。混合动力飞行器最长航时对应的最佳起飞重量和速度比与纯电动飞行器的结果相同：

$$W_{to}\big|_{be}^{h\text{-}e} = 3W_{eo} \tag{3-27}$$

$$b\big|_{be}^{h\text{-}e} = 1/\sqrt[4]{3} \tag{3-28}$$

串联混合动力垂直起降飞行器的航程可表示为

$$R^{h\text{-}e} = \frac{F\left[1 - W_{eo}W_{to}^{-1} - (A+B)W_{to}^{1/2}\right] - (FC + t_h)\phi(b)W_{to}^{1/2}}{\psi(b)} \tag{3-29}$$

凸优化问题具有很强的理论优势，如局部最小值就是全局最小值。一个新的函数 $y = -R$ 被定义为凸优化问题的一般形式。当该函数是凸的时，该问题是凸优化问题：

$$y = \frac{-F\left[1 - W_{eo}W_{to}^{-1} - (A+B)W_{to}^{1/2}\right] + (FC + t_h)\phi(b)W_{to}^{1/2}}{\psi(b)} \tag{3-30}$$

对于多元函数 $y(W_{to}, b)$ 是否为凸函数可以通过其黑塞 (Hessian) 矩阵的正定性来判断。Hessian 矩阵是由多元函数的二阶导数组成的方阵，其表达形式如式 (3-31) 所示

$$H(y) = \begin{bmatrix} \dfrac{\partial^2 y}{\partial W_{to}^2} & \dfrac{\partial^2 y}{\partial W_{to}\partial b} \\[2ex] \dfrac{\partial^2 y}{\partial b\partial W_{to}} & \dfrac{\partial^2 y}{\partial b^2} \end{bmatrix} \tag{3-31}$$

判断 Hessian 矩阵的正定性：

$$\frac{\partial^2 y}{\partial W_{to}^2} = \frac{8FW_{eo} - \left[(A+B)F + (FC + t_h)\phi(b)\right]W_{to}^{3/2}}{4\psi(b)W_{to}^3} \tag{3-32}$$

$$\frac{\partial^2 y}{\partial W_{to} \partial b} = \frac{\partial^2 y}{\partial W_{to} \partial b}$$

$$= \frac{\left((A+B)F(b^4-1) - \frac{1}{2}(b^4+1)(FC+t_h)\phi(b) \right) W_{to}^{3/2} - 2F(b^4-1)W_{eo}}{(b^5+b)\psi(b)W_{to}^2}$$

$$(3\text{-}33)$$

$$\frac{\partial^2 y}{\partial b^2} = \frac{2F(3b^8-12b^4+1)\left[W_{eo} - W_{to} + (A+B)W_{to}^{3/2} \right]}{b^2(b^4+1)^2\psi(b)W_{to}} \tag{3-34}$$

一个区间 $\theta(W_{to}, b)$ 定义如下，在这个区间内 Hessian 矩阵是半正定的：

$$\left\{ \theta(W_{to}, b) \middle| \frac{\partial^2 y}{\partial W_{to}^2} \geqslant 0, \frac{\partial^2 y}{\partial W_{to}^2} \cdot \frac{\partial^2 y}{\partial b^2} - \left(\frac{\partial^2 y}{\partial W_{to} \partial b} \right)^2 \geqslant 0 \right\} \tag{3-35}$$

在这个区间内，目标函数是凸的。最大航程通过求解以下方程获得：

$$\frac{\partial y}{\partial W_{to}} = \frac{\left[F(A+B) + (FC+t_h)\phi(b) \right] W_{to}^{3/2} - 2FW_{eo}}{2\psi(b)W_{to}^2} = 0 \tag{3-36}$$

$$\frac{\partial y}{\partial b}$$

$$= \frac{2F(b^4-1)\left[W_{eo} - W_{to} + (A+B)W_{to}^{3/2} \right] - (b^4+1)(FC+t_h)\phi(b)W_{to}^{3/2}}{(b^5+b)\psi(b)W_{to}} = 0$$

$$(3\text{-}37)$$

W_{to} 关于 b 的表达式可以从该方程得到：

$$W_{to} = W_{eo}^{2/3} \left(\frac{2F}{(FC+t_h)\phi(b) + F(A+B)} \right)^{2/3} \tag{3-38}$$

得出 b 的方程，对方程进行数值求解可确定最佳航程对应的最优设计：

$$\frac{2F(b^4-1)\left[W_{eo} - W_{to} + (A+B)W_{to}^{3/2} \right] - (b^4+1)(FC+t_h)\phi(b)W_{to}^{3/2}}{(b^5+b)\psi(b)W_{to}} = 0$$

$$\text{s.t } W_{to} = W_{eo}^{2/3} \left(\frac{2F}{(FC+t_h)\phi(b) + F(A+B)} \right)^{2/3} \tag{3-39}$$

$$(W_{to}, b) \in \theta$$

3.2.3 电池与发电系统替换关系分析

串联混合动力系统中的燃料、内燃机、发电机 (包括整流器) 组成发电系统，其作用类似于电池组。本节将研究发电系统和电池组之间的替代关系。

发电系统的比功率和比能量参数与电池不同。电池的比功率和比能量是由其自身特性决定的。但对于发电系统而言，燃料决定总储存能量，混合发电机决定功率输出。燃料比 λ_f 被定义为影响发电系统的比功率和比能量的设计因素：

$$\lambda_f = \frac{m_{fuel}}{m_{EPGS}} = 1 - \frac{m_{HEG}}{m_{EPGS}} \tag{3-40}$$

其中，$0 < \lambda_f < 1$。

如果 $\lambda_f = 0$，即 $m_{fuel} = 0$，则发电系统的比功率等于发电装置。随着 λ_f 增加到 1，比功率接近等于 0，比能量增加到与燃料相同。以目前的技术水平来看，最常用的锂聚合物 (LiPo) 电池的比能量在 $0.2 \sim 0.5 \mathrm{kW \cdot h/kg}$，而燃料比能量在 $12 \mathrm{kW \cdot h/kg}$。考虑到发电系统的能量转换效率，燃料的有效比能量仍然是电池的约 5 倍。因此，存在发电系统和电池具有相同比能量的关键 λ_f^* 设计点。如果 $\lambda_f = \lambda_f^*$，则它们在相同的恒定功率输出下具有相同的放电时间。当 $\lambda_f < \lambda_f^*$ 时，发电系统的放电时间低于电池，当 $\lambda_f > \lambda_f^*$ 时则相反。

考虑到具有相同质量 m 的发电系统和电池，在巡航阶段以功率 P 放电。对于发电系统，可用功率需要满足所需功率：

$$m(1 - \lambda_f)\mathrm{SP}_{HEG} \geqslant P \tag{3-41}$$

发电系统的放电时间由下式给出：

$$t_{EPGS} = \frac{E_{available}}{P} = \frac{\lambda_f \mathrm{SE}_{fuel}\eta_{ICE}\eta_{GE}}{P/m} \tag{3-42}$$

相同功率输出下电池的放电时间为

$$t_{batt} = \frac{\mathrm{SE}_{batt}\eta_{batt}}{P/m} \tag{3-43}$$

令 t_{batt} 等于 t_{EPGS}，可以得到临界燃料比 λ_f^*：

$$\lambda_f^* = \frac{\mathrm{SE}_{batt}\eta_{batt}}{\mathrm{SE}_{fuel}\eta_{ICE}\eta_{GE}} \tag{3-44}$$

假设所需功率 P 等于发电系统的额定功率，那么 λ_f 可以重写为

$$\lambda_f = 1 - \frac{P}{m \cdot \mathrm{SP}_{HEG}} \tag{3-45}$$

t_{EPGS} 可以表示为

$$t_{EPGS} = \left(\frac{1}{P/m} - \frac{1}{\mathrm{SP}_{HEG}} \right) \mathrm{SE}_{fuel}\eta_{ICE}\eta_{GE} \qquad (3\text{-}46)$$

可以得到临界放电时间：

$$t^* = \frac{\mathrm{SE}_{batt}\eta_{batt}}{\mathrm{SP}_{HEG}(1 - \lambda_f^*)} \qquad (3\text{-}47)$$

其中，$P/m = \mathrm{SP}_{HEG}(1 - \lambda_f^*)$。当所需的放电时间超过这个临界工作时间 t^* 时，发电系统将获得收益，否则电池有优势。

考虑到表 2.5 中给出的参数，图 3.1 画出了 t_{EPGS} 和 t_{batt} 关于 P/m 的函数。临界燃料比 $\lambda_f^* = 12.73\%$。一旦燃料系数低于该值，发电系统对比电池没有任何优势。临界工作时间为 $t^* = 17.6\mathrm{min}$。也就是说，在本章推进系统的设计逻辑下，当飞行器巡航时间小于 17.6min 时，采用纯电池构型更具有优势。高于该临界值，串联混合动力系统具有优势。

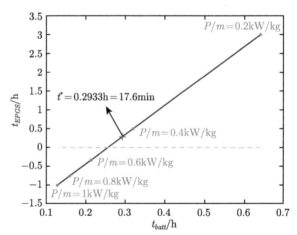

图 3.1　发电系统和电池工作时间与 P/m 的关系

3.3　优化设计和验证

在本节中，应用 2.5.4 节中推导出的设计方法进行验证。为了验证初步设计，以 2.2 节研制的尾坐式飞行器为设计平台，采用第 2 章的设计方法设计推进系统，并且验证了 3.3.1 节和 3.3.2 节中介绍的全电动和串联混合动力推进系统的航时和航程的最优条件。

飞行器相关气动参数已在 2.3.1 节中通过涡格法计算得到。该飞行器的螺旋桨是专为垂直起降飞行器设计，可以兼顾起降和巡航飞行。建立了一个双叶螺旋桨模型来模拟螺旋桨的性能。得到的螺旋桨模型通过风洞试验成功验证，风洞试验如图 3.2 所示。图 3.3 画出计算模型和风洞试验下螺旋桨在不同空速下需求功率和效率与推力的关系。在初步设计阶段，为简化起见，巡航飞行阶段螺旋桨效率取常数 $\eta_{prop\text{-}c} = 50\%$，起降阶段取常数值 $\eta_{prop\text{-}h} = 40\%$。

图 3.2 螺旋桨风洞试验

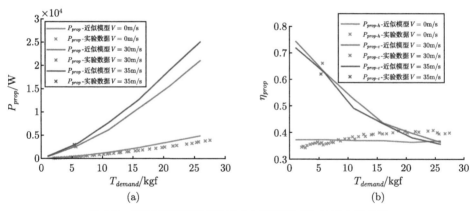

图 3.3 不同空速下需求功率 (a) 和效率 (b) 与推力的关系

1kgf=9.80665N

飞行器的设计要求为其能够承载一定重量的有效载荷，具有高效率、高续航能力和航程。定义的飞行任务剖面包括 150s 的垂直起飞阶段、恒定飞行速度的巡航阶段和持续 150s 的垂直着陆阶段。

考虑到小功率的发动机功率密度 (kW/m³) 较小，受到体积因素限制，前文所述的起飞重量 6.7kg 的样机难以匹配合适的混合动力推进系统。这里假设一台相同构型等比放大的样机作为设计平台，其最大空载重量为 14.9kg (包括 3kg 的有效载荷)。升力系数不超过最大许用升力系数 $C_{L\max} = 1.2$。本研究未考虑由于推进系统的加入而导致的参考飞行器几何形状可能发生的变化。

在 2.5 节推导出的设计方法的基础上,对不同的推进系统设计进行初步研究。本节介绍了两个案例研究:纯电动推进系统和混合动力推进系统。

3.3.1　纯电动推进系统设计

第一个设计案例是纯电动推进系统飞行器。设计方法通常为通过改变飞行器的某些参数绘制对应的地毯图,并根据设计要求在地毯图中搜索目标设计点。图 3.4 给出了作为飞行器起飞重量和巡航速度比函数的航时和航程的地毯图。

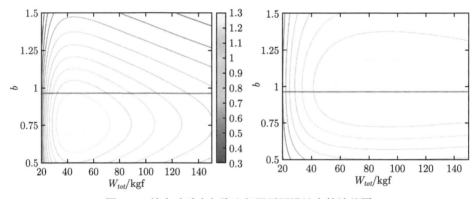

图 3.4　纯电动垂直起降飞行器不同设计点的地毯图

升力系数与速度比的关系为

$$C_L = \frac{\sqrt{k/C_{D0}}}{b^2} \tag{3-48}$$

最大升力系数 $C_{L\max} = 1.2$ 对应于 $b = 0.966$,该约束线将图分为可行区域 ($b > 0.966$) 和不可行区域 ($b < 0.966$)。

为了更直观地分析,在图 3.5 中,航时和航程被绘制为不同速度比下起飞重量的函数。可以看到所有曲线都有一个最大值,这说明电池组的重量增加超过一定限度对飞行器性能的提升是没有用的。因为飞行器重量增加导致的能耗增长并不能被电池组重量增加导致的可用能量增加所补偿。最大航时对应的最佳起飞重量是 $W_{to}|_{be} = 44.7\text{kgf}$,最大航程的最佳起飞重量是 $W_{to}|_{br} = 93.03\text{kgf}$。与 3.2 节推导出的结果一致。如图 3.5 所示,最大航程附近的曲线大致平坦。也就是说,当总重量超过一定值 (约 60kgf) 时,使用更重的推进系统来追求更远的航程并不划算。

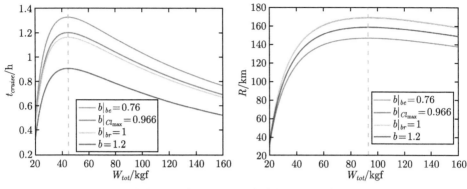

图 3.5　纯电动飞行器性能与重量关系

类似地，如图 3.5 所示，航时和航程被绘制为不同飞行器重量下速度比的函数。最大航时的最佳速度比为 $b|_{be} = 0.76$，最大航程的最佳速度比为 $b|_{br} = 1$。这与 3.2 节中结论一致。

最大航时的最佳速度比不在可行范围内。而在可行域内，航时随着速度比的增加而降低。所以最佳航时的设计落在 $b = 0.966$ (即最大升力系数约束线)。表 3.1 总结了最佳航时和最佳航程的设计。

表 3.1　纯电动最佳航时和最佳航程设计

参数	最佳航时设计	最佳航程设计
起飞重量	44.7kgf	93.03kgf
速度比	0.966	1
巡航速度	33.53m/s	50.07m/s
升力系数	1.2	1.12
电机重量	4.28kgf	12.84kgf
电池重量	25.52kgf	62.29kgf
最佳性能	0.92h	136.02km

3.3.2　混合动力推进系统设计

在评估了纯电动飞行器的性能后，采用所提出的方法来设计同一飞行器的串联式混合构型。航时和航程的变化作为飞行器起飞重量和巡航速度比的函数绘制在图 3.6 中。与纯电动飞行器相比，混合动力飞行器的航时和航程显著提高。

如图 3.7 所示，串联混合动力推进系统的重量也有一个极限值，因此飞行器的性能不能无限制地增加。混合动力飞行器的最佳航时与纯电动飞行器的结论相同，均为 $W_{to}|_{be} = 44.7$kgf。混合动力飞行器最佳航程的最佳起飞重量在不同速度比下并不是一个确定值。原因是在混合动力系统中，发电系统的设计与起飞重量和速度比同时相关。

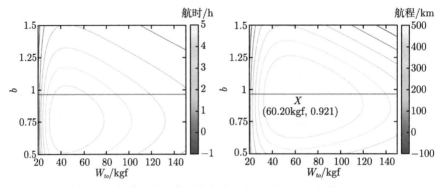

图 3.6　串联混合动力垂直起降飞行器不同设计点的地毯图

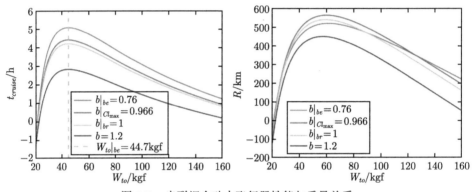

图 3.7　串联混合动力飞行器性能与重量关系

混合动力飞行器最佳航时的最佳速度比为 $b = 0.76$。对于不同起飞重量下的最佳航程，最佳速度比也没有定值。为验证 3.2.2 节的结论，在参考飞行器数据的基础上对方程 (3-39) 进行了数值求解。得到结果 $W_{to} = 60.2\text{kgf}$，$b = 0.921$，如图 3.8 所示，与设计计算结果一致。

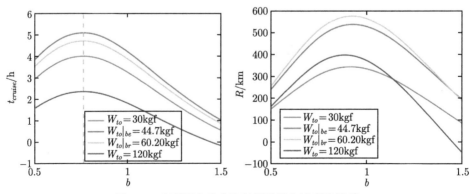

图 3.8　串联混合动力飞行器性能与速度比关系

由于升力系数的限制，最大航时和航程的最佳速度比相同，均为 $b = 0.966$，飞行器的设计参数如表 3.2 所示。可见最大允许升力系数是一个垂直起降飞行器推进系统设计中的重要参数。

表 3.2　串联混合动力最佳航时和最佳航程设计

参数	最佳航时设计	最佳航程设计
起飞重量	44.7kgf	58.47kgf
速度比	0.966	0.966
巡航速度	33.53m/s	38.35m/s
升力系数	1.2	1.2
电机重量	4.28kgf	6.40kgf
电池重量	10.02kgf	15.00kgf
最佳性能	4.43h	584.35km

3.3.3　典型混合动力尾坐式垂直起降飞行器设计验证

为了支持理论模型，设计用于该尾坐式飞行器的串联混合动力推进系统进行验证。这个 14.9kgf 的设计平台将使用现成和定制的组件，包括一个 1.8kW 的发电装置，如图 3.9 所示。该发电装置的性能如表 3.3 所示。

图 3.9　发电系统示意图

表 3.3　混合发电机性能

参数	数值
重量	4kgf
额定功率	1.8kW
峰值功率	2kW
尺寸	260mm×312mm×325mm
油耗	750g/(kW·h)
工作温度	−20∼40℃
最高工作海拔	1000m

　　飞行器的起飞重量和巡航速度比是根据发电装置的额定功率设计的，可使发电系统在巡航飞行阶段工作在最佳工作点。其他部件的性能见表 2.5。起飞重量和巡航速度比的设计满足方程 (3-7)，部分设计点如图 3.10 所示。最佳航时和最佳航程通常不会同时达到。在尝试确定最佳设计的方案时，图 3.10 提供了这些设计点在航时与航程平面中的 Pareto 前沿。由于最大升力系数的约束，当 $b = 0.966$ 时，航时和航程同时达到最大值。表 3.4 总结了这一最佳设计。

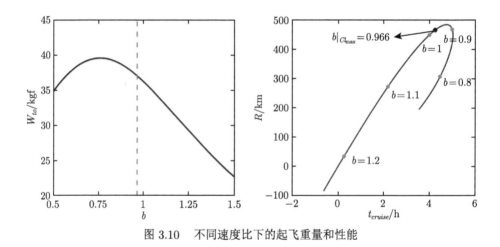

图 3.10　不同速度比下的起飞重量和性能

表 3.4　最佳设计结果

参数	数值
起飞重量	37.08kgf
速度比	0.966
巡航速度	30.54m/s
电机重量	3.23kgf
电池重量	7.57kgf
燃油重量	7.37kgf
航时	4.85h
航程	541.91km

3.4　小　　结

　　针对混合动力尾坐式飞行器飞推综合优化设计问题，本章研究了尾坐式飞行器在纯电动和串联混合推进系统构型下航时和航程的表达；以巡航空速比和起飞重量的形式推导出了飞行器达到最佳航时和最佳航程的条件；分析了串联混合动力系统中发电系统与电池组的替换关系；最后以原理验证机为设计平台，通过数值模拟验证了设计方法和最优设计结果。通过计算和分析，可以得出以下结论：

　　·串联混合动力系统中的发电系统在功能上可以替代纯电动构型中的电池组作为电能的来源。但存在一个由元件的技术参数决定的临界放电时间，若巡航时间高于临界值，则飞行器采用串联混合动力系统更具有优势。

　　纯电动和串联混合动力飞行器的最佳航时和最佳航程的设计条件以起飞重量和速度比的形式给出。结果表明，如果以最大航时作为设计目标，则两种配置的最佳设计条件相同。在追求最大航程时，纯电动飞行器起飞重量的设计具有显著的边际效应，而对于串联混合动力飞行器，起飞重量的变化对航程变化的影响非常显著。

第 4 章　电动螺旋桨模型及设计

4.1　引　　言

电动螺旋桨推进系统具有布局灵活、响应速度快、调速范围宽等优势，特别适用于多旋翼无人机、垂直/短距起降飞行器等。但受限于储能单元 (主要为动力电池) 较低的能量密度，此类飞行器一般航时较短、有效载荷较低，这限制了其应用领域的扩展。在期待电池技术进一步突破的同时，不断完善螺旋桨与电动机等各部件性能匹配，从而提升系统推重比、减少功率消耗，是目前电动螺旋桨推进系统设计的共识。

电动螺旋桨系统一般由变速变距螺旋桨、电动机、功率变换器和电池系统组成。针对该系统的优化问题主要存在以下难点：一方面，该系统在多种工况下的设计要求矛盾，优化设计时需要做出权衡；另一方面，各部件、子系统的特性之间具有强耦合，且随工况的转换而产生明显变化。因此，对该系统的综合优化设计具有多目标、跨学科、多约束的特点。

为了解决上述问题，需要着重分析电动变距螺旋桨的气动载荷产生机理，提取电动螺旋桨气动设计以及电动机设计关键参数，建立适用于快速迭代的变距螺旋桨–电动机耦合模型，采用全局优化算法 (如遗传算法) 对多个设计变量进行迭代，从而完成电动螺旋桨推进系统的优化设计。本章结构安排如下：4.2 节建立了电动螺旋桨气动模型表征方法；4.3 节提出了电动螺旋桨单独优化设计和电动螺旋桨推进系统协同优化设计方法；4.4 节展示了试验手段对优化设计结果的验证；4.5 节对本章节进行了小结。

4.2　螺旋桨气动模型表征

4.2.1　经典叶素动量法

叶素动量法 (BEM) 是一种旋翼/螺旋桨快速气动分析方法，它结合了动量理论与叶素理论。该分析方法由 Froude 于 1878 年最先提出，随后被 Gessow 加以改进与实现，并用于螺旋桨在轴向运动中的气动性能估算。该方法的主要原理如下：将螺旋桨桨叶抽象成叶素沿展向的序列，并将这些叶素在旋转平面上的运动轨迹抽象为圆环；以二维假设为前提，即相邻圆环之间不存在相互作用，则圆环产生的微元力可以根据动量守恒原理，通过圆环动量的变化率求得；最后沿展向对微元力积分即可得到桨盘气动力。由于该方法具有计算速度快、拟合准确性较高的特点，逐步被推广成为一种主流的旋翼/螺旋桨初步分析方法。相较于动量理论，叶素动量法能够对螺旋桨叶片的弦长、叶片扭转角和总螺距等非均匀几何参数进行表征；相较于涡格法、计算流体力学法等更准确的气动计算方法，叶素动量法具有更大的计算速度、更小的计算资源占用，对优化算法的适用性更强。因而，本章的电动螺旋桨优化设计将围绕叶素动量法构成的电动螺旋桨气动模型开展。叶素动量法将从单个叶片的受力与局部速度展开研究。叶片截面 (叶素) 上的气动载荷及其局部合成速度如图 4.1 所示。

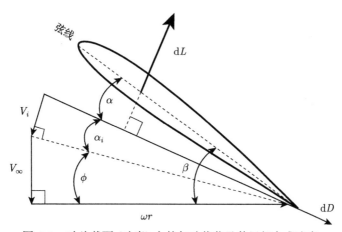

图 4.1 叶片截面 (叶素) 上的气动载荷及其局部合成速度

将叶素绕轴旋转一周的轨迹抽象为圆环，该圆环所产生的微元推力 dT_{prop}、消耗的微元功率 dP_{prop} 可以用如下方程表达：

$$dT_{prop} = \frac{\rho Nc}{2} \cdot \left(V_\infty^2 + \omega^2 r^2\right) \cdot \left[C_{L\_p}\cos\left(\alpha_i + \phi\right) - C_{D\_p}\sin\left(\alpha_i + \phi\right)\right] \cdot dr \quad (4\text{-}1)$$

$$dP_{prop} = \frac{\rho Ncr\omega}{2} \cdot \left(V_\infty^2 + \omega^2 r^2\right) \cdot \left[C_{L\_p}\sin\left(\alpha_i + \phi\right) + C_{D\_p}\cos\left(\alpha_i + \phi\right)\right] \cdot dr \quad (4\text{-}2)$$

其中，C_{L_p} 和 C_{D_p} 分别表示叶素的升力系数和阻力系数，ϕ 表示入流角，α_i 表示诱导角 (干涉角)，表达式如下：

$$\begin{cases} \phi = \arctan\left(\dfrac{V_\infty}{\omega r}\right) \\[3mm] \alpha_i = \arctan\left(\dfrac{V_i}{\sqrt{V_\infty^2 + \omega^2 r^2}}\right) \end{cases} \quad (4\text{-}3)$$

另一方面，根据动量理论，圆环产生的微元升力 $\mathrm{d}T_{prop}$ 的另一种表达为

$$\mathrm{d}T_{prop} = 4\rho V_i \left(V_\infty + V_i\right) \pi r \mathrm{d}r \tag{4-4}$$

由于式 (4-1) 和式 (4-4) 都是关于 $\mathrm{d}T_{prop}$ 和 α_i 的函数。因此，联立式 (4-1) 和式 (4-4) 即可求解 $\mathrm{d}T_{prop}$ 和 α_i。

然而，对上述非线性方程组求解解析解十分困难。在经典 BEM 模型实现时，大多采用梯度下降等数值计算方法进行迭代求解，因而大大降低了求解速度。同时，采用梯度下降法求解非凸问题时，初值的给定将大大影响模型收敛性，而初值的给定大多基于经验，根据不同的计算条件，需要人为调节诱导速度的初值，无形中增加了模型的使用成本，降低了模型的可靠性。

4.2.2　适用于优化设计的叶素动量法

为了解决上述问题，我们给出了一种诱导速度、拉力和扭矩的解析解，使得 BEM 模型可以跳过传统 BEM 模型的迭代求解过程，大大提升了模型的求解速度。

首先采用小角度假设来消去非线性的三角函数项。若假设诱导角 α_i 和入流角 ϕ 均为小角度，则三角函数项的简化形式如下所示 (公式中涉及的角度均以弧度为单位)：

$$\begin{cases} \sin\left(\alpha_i + \phi\right) \approx \tan\left(\alpha_i + \phi\right) \approx \alpha_i + \phi \\[2mm] \cos\left(\alpha_i + \phi\right) \approx 1 \\[2mm] \phi = \arctan\left(\dfrac{V_\infty}{\omega r}\right) \approx \dfrac{V_\infty}{\omega r} \\[3mm] \alpha_i = \arctan\left(\dfrac{V_i}{\sqrt{V_\infty^2 + \omega^2 r^2}}\right) \approx \dfrac{V_i}{\sqrt{V_\infty^2 + \omega^2 r^2}} \end{cases} \tag{4-5}$$

此外，假设当地合成迎角也较小，叶素升力系数是关于合成迎角的线性函数，而阻力系数可近似为关于合成迎角的二次函数，因此可写出如下表达式：

$$\begin{cases} C_{L\_p} = C_{L0\_p} + C_{L\alpha\_p}\alpha_p \\ C_{D\_p} = C_{D0\_p} + C_{D\alpha1\_p}\alpha_p + C_{D\alpha2\_p}\alpha_p^2 \\ \alpha_p = \beta - \alpha_i - \phi \end{cases} \tag{4-6}$$

其中，C_{L0_p} 表示合成迎角为零时对应的升力系数，$C_{L\alpha\_p}$ 表示升力系数的斜率，C_{D0_p} 表示合成迎角为零时对应的阻力系数，$C_{D\alpha1\_p}$ 和 $C_{D\alpha2\_p}$ 分别表示阻力系数模型中一次项和二次项系数，α_p 表示螺旋桨叶素的迎角。

在本节中，上述系数的取值如表 4.1 所示。

表 4.1 翼型极曲线模型中的各系数取值

C_{L0_p}	$C_{L\alpha\_p}$	C_{D0_p}	$C_{D\alpha1\_p}$	$C_{D\alpha2\_p}$
0.2	5.5	0.002	-0.008545	1.019

将式 (4-4)、式 (4-5) 代入式 (4-2)，再经过一系列的推导，可以得到关于诱导角度 α_i 的一元三次方程式 (4-7)：

$$f(\alpha_i) = \alpha_i^3 a + \alpha_i^2 b + \alpha_i c + d = 0 \tag{4-7}$$

其中，

$$
\begin{cases}
a = \left(V_\infty^2 + \omega^2 r^2\right)\left(-C_{D\alpha2\_p}\right) \\[2mm]
b = \left(V_\infty^2 + \omega^2 r^2\right)\left(-C_{D\alpha2\_p}\left(\phi - 2\beta\right) + C_{D\alpha1\_p} - \dfrac{8\pi r}{Nc}\right) \\[2mm]
c = \left\{\left(V_\infty^2 + \omega^2 r^2\right)\left[-C_{D\alpha2\_p}\left(\beta^2 - 2\beta\phi\right) - C_{D\alpha1\_p}\left(\beta - \phi\right) - C_{L\alpha\_p} - C_{D0\_p}\right]\right. \\[2mm]
\qquad \left. - \dfrac{8\pi r}{Nc}V_\infty\sqrt{V_\infty^2 + \omega^2 r^2}\right\} - C_{D0\_p} \\[2mm]
d = \left(V_\infty^2 + \omega^2 r^2\right)\left(-C_{D\alpha2\_p}\beta^2\phi - C_{D\alpha1\_p}\beta\phi + C_{L0\_p} + C_{L\alpha\_p}\beta - C_{D0\_p}\phi\right)
\end{cases}
$$

$$\tag{4-8}$$

下一步中，可采用一元三次的通解公式——卡丹 (Cardano) 公式 [65]，从而得到诱导角度 α_i 的解析式：

$$
\alpha_i = -\frac{a}{3b}\sqrt[3]{-\frac{27a^2d - 9abc + 2b^3}{54a^3} + \sqrt{\left(\frac{27a^2d - 9abc + 2b^3}{54a^3}\right)^2 + \left(\frac{3ac - b^2}{9a^2}\right)^3}}
$$
$$
+ \sqrt[3]{-\frac{27a^2d - 9abc + 2b^3}{54a^3} - \sqrt{\left(\frac{27a^2d - 9abc + 2b^3}{54a^3}\right)^2 + \left(\frac{3ac - b^2}{9a^2}\right)^3}}
$$

$$\tag{4-9}$$

最后，将求解出的诱导角度 α_i 代入下式，即可求得螺旋桨的拉力和扭矩：

$$
\begin{cases}
T_{prop} = \dfrac{N\rho}{2}\displaystyle\int_{R_{hub}}^{R_{tip}}\left(V_\infty^2 + \omega^2 r^2\right) \cdot \begin{bmatrix} \alpha_i^3 & \alpha_i^2 & \alpha_i & 1 \end{bmatrix} \cdot \boldsymbol{M}_1 \cdot c \cdot \mathrm{d}r \\[4mm]
P_{prop} = \dfrac{N\rho\omega}{2}\displaystyle\int_{R_{hub}}^{R_{tip}}\left(V_\infty^2 + \omega^2 r^2\right) \cdot \begin{bmatrix} \alpha_i^2 & \alpha_i & 1 \end{bmatrix} \cdot \boldsymbol{M}_2 \cdot c \cdot r \cdot \mathrm{d}r
\end{cases}
$$

$$\tag{4-10}$$

其中，N 为叶片数量，且

$$
\boldsymbol{M}_1 = \begin{bmatrix}
-C_{D\alpha2\_p} \\
2C_{D\alpha2\_p}\beta - C_{D\alpha2\_p}\phi + C_{D\alpha1\_p} \\
-C_{D\alpha2\_p}\left(\beta^2 - 2\beta\phi\right) - C_{D\alpha1\_p}\left(\beta - \phi\right) - C_{L\alpha\_p} - C_{D0\_p} \\
-C_{D\alpha2\_p}\beta^2\phi - C_{D\alpha1\_p}\beta\phi + C_{L\alpha\_p}\beta + C_{L0\_p} - C_{D0\_p}\phi
\end{bmatrix}
$$

$$
\boldsymbol{M}_2 = \begin{bmatrix}
-C_{D\alpha2\_p} - C_{L\alpha\_p} \\
-2C_{D\alpha2\_p}\beta - C_{L\alpha\_p}\left(\beta - \phi\right) + C_{D\alpha1\_p} + C_{L0\_p} \\
C_{D\alpha2\_p}\beta^2\phi - C_{L\alpha\_p}\beta\phi + C_{D\alpha1\_p}\beta + C_{L0\_p}\phi + C_{D0\_p}
\end{bmatrix}
\tag{4-11}
$$

　　值得注意的是，由于没有忽略叶片截面的阻力项，所建立的 BEM 解析模型在非常低的前进比下，甚至在悬停状态下，仍然有较好的表征精度，而 McCormick 解析模型 [66] 在超低前进比下表征精度相对较低。如图 4.2 所示，在悬停状态下，本节建立的 BEM 解析模型与 BEM 迭代模型 (经典叶素动量法模型) 具有较好的一致性，而 McCormick 解析模型在推力和扭矩结果上与 BEM 迭代模型偏差较大。在巡航状态下，本节所建立的 BEM 解析模型和 McCormick 模型对推力和扭矩的预测结果与 BEM 迭代模型的预测结果相比，都具有很高的一致性。

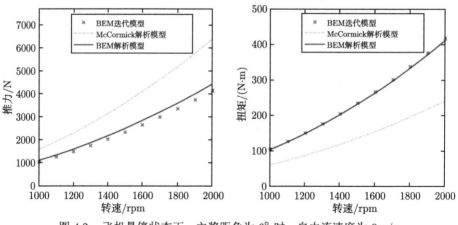

图 4.2　飞机悬停状态下，主桨距角为 6° 时，自由流速度为 0m/s

　　本节所建立的 BEM 解析模型和 McCormick 解析模型的收敛速度都远高于 BEM 迭代模型。通过对比 100 个工况下的总收敛时间，如表 4.2 所示，BEM 解析模型的收敛时间仅为 BEM 迭代模型的 5% 左右。综上所述，本节所建立的 BEM 解析模型可以较好地替代 BEM 迭代模型，如图 4.3 所示，前者的精度与后者几乎相同，但其收敛时间仅为后者的 5% 左右。

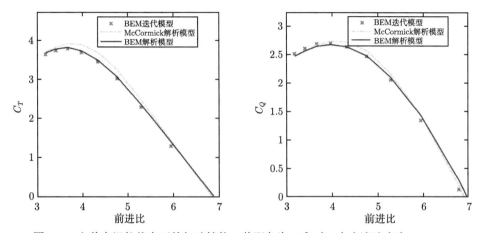

图 4.3　主桨在巡航状态下的气动性能，桨距角为 46° 时，自由流速度为 83.3m/s

表 4.2　不同 BEM 模型的收敛时间

模型	工况数量	收敛时间/s
McCormick BEM 解析模型	100	2.71
改进 BEM 解析模型	100	2.76
BEM 迭代模型	100	57.02

4.2.3　适用于斜向来流的叶素动量法

对于垂直起降飞行器，过渡状态是一种典型的工作工况。在该工况下，螺旋桨旋转轴与来流方向不再平行。此时采用上文所建立的 BEM 模型，难以表征螺旋桨在斜向来流下的气动载荷。因而，本小节将建立一种适用于斜向来流的螺旋桨气动模型。如图 4.4 所示，考虑斜向来流的 BEM 螺旋桨模型主要针对四种载荷进行建模：T 代表推力，它垂直于螺旋桨旋转平面；Q 是绕 y 轴的力矩；N 是沿 z 轴的法向力；M 为绕 z 轴的偏航力矩。虽然由斜流激发的俯仰力矩 PM 和侧向力 LF 确实存在，但它们比上述四种载荷在数值上小一两个数量级。因而，这两种载荷在本节中不进行讨论。

自由流速度 V_∞ 向 x 轴倾斜角度为 φ。自由流速度 V_∞ 可以分解为轴向速度分量 V_x 以及平面内速度分量 V_{yz}。它们的表达式如下所示：

$$V_x = V_\infty \times \cos\varphi \tag{4-12}$$

$$V_{yz} = V_\infty \times \sin\varphi \tag{4-13}$$

如图 4.5 所示，V_{yz} 进一步分解为垂直于叶片前缘的速度 $V_{yz\perp}$ 和平行于叶片径向方向的速度 $V_{yz\parallel}$，即

$$V_{yz\perp}(\psi) = V_{yz} \times \sin\psi \tag{4-14}$$

$$V_{yz\|}(\psi) = V_{yz} \times \cos\psi \tag{4-15}$$

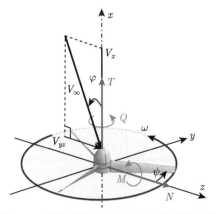

图 4.4　螺旋桨轴系定义和自由流速度分解

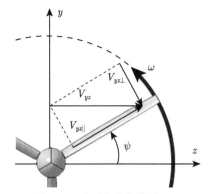

图 4.5　平面内速度分量 V_{yz}

为了简化模型，本小节只考虑 $V_{yz\perp}$ 对叶素的局部迎角的影响。

根据叶素动量理论，桨叶所承受的总气动载荷是桨叶各截面的瞬时载荷在一圈内的积分。叶素所产生的瞬时气动载荷如图 4.6 所示，其中 dL 表示垂直于本地合成速度 V_R 的升力，dD 表示沿着 V_R 方向的阻力。而叶素的本地合成速度 V_R 的表达式如下所示：

$$V_R(\psi, r) = \sqrt{(V_x + v_i)^2 + (1 - \lambda_r)^2(\omega r + V_{yz\perp})^2} \tag{4-16}$$

其中，λ_r 表示切向诱导系数，v_i 表示本地轴向诱导速度。

因此，叶素旋转形成的圆环产生的推力 dT 和扭矩 dQ 的表达式为

$$dT(r) = \frac{B}{4\pi}\rho c \int_{\psi=0}^{2\pi} V_R^2(C_{L\_p}\cos\phi - C_{D\_p}\sin\phi)d\psi dr \tag{4-17}$$

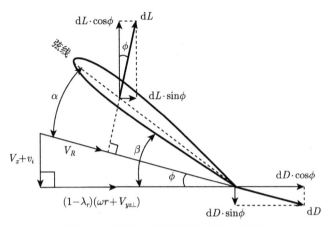

图 4.6 作用在叶片截面上的气动载荷

$$dQ(r) = -\frac{B}{4\pi}\rho c r \int_{\psi=0}^{2\pi} V_R^2 (C_{L\_p}\sin\phi + C_{D\_p}\cos\phi)d\psi dr \qquad (4\text{-}18)$$

其中，ϕ 表示入流角，C_{L_p} 和 C_{D_p} 表示与翼型、本地迎角、雷诺数相关的气动系数。

而叶素圆环产生的法向力 dN 和偏航力矩 dM 是 dT 和 dQ 关于 z 轴的分量。因此，dN 和 dM 的表达式可写成与 dT 和 dQ 表达式类似的形式：

$$dN(r) = \frac{B}{4\pi}\rho c \int_{\psi=0}^{2\pi} V_R^2 \left(C_{L\_p}\sin\phi + C_{D\_p}\cos\phi\right)\sin\psi d\psi dr \qquad (4\text{-}19)$$

$$dM(r) = \frac{B}{4\pi}\rho c r \int_{\psi=0}^{2\pi} V_R^2 \left(C_{L\_p}\cos\phi - C_{D\_p}\sin\phi\right)\sin\psi d\psi dr \qquad (4\text{-}20)$$

另一方面，根据动量理论，叶素圆环产生的推力等于经过叶素圆环气体的动量变化率。V_{seg} 表示通过螺旋桨微元的合成流速，它是方位角的隐式函数：

$$V_{seg}(\psi, r) = \sqrt{(V_x + v_i)^2 + [V_{yz} - \sin\psi \times 2\lambda_r \times (\omega r + V_{yz\perp})]^2} \qquad (4\text{-}21)$$

因而，由一个叶素圆环形成的推力和扭矩表达式为

$$dT(r) = 2\rho r \int_{\psi=0}^{2\pi} v_i V_{seg} d\psi dr \qquad (4\text{-}22)$$

$$dQ(r) = -2r^2 \lambda_r \rho \int_{\psi=0}^{2\pi} (\omega r + V_{yz\perp})V_{seg} d\psi dr \qquad (4\text{-}23)$$

　　然后通过联立式 (4-17) 和式 (4-22)，可以得到该圆环产生的推力，再将各展项位置圆环的推力沿展向积分，即可得到螺旋桨推力；螺旋桨扭矩则可以用同样的方法求解。然而，诱导速度在各方位上的分布仍然是未知的。因此，需要引入入流模型对诱导速度的分布进行描述，使得上述模型可解。

　　本节拟采用 Pitt-Peters [67] 入流模型，主要原因如下：根据公开试验数据，该入流模型具有较高的拟合精度 [68]；它对 BEM 模型的适用性较好，能更容易地适配 BEM 模型代码。该模型表征的滑流示意图如图 4.7 所示。该入流模型的表达式如下所示：

$$v_i(r, \psi) = v_{i0} \left[1 + \frac{15\pi}{64} \tan\left(\frac{\chi}{2}\right) \frac{r}{R_{prop}} \sin\psi \right] \tag{4-24}$$

$$\chi(r) = \arctan\left(\frac{V_{yz}}{V_x + v_{i0}}\right) \tag{4-25}$$

其中，χ 表示螺旋桨滑流的倾斜角。将入流模型代入方程式 (4-17) 和式 (4-22)，再采用迭代求解器，即可求解诱导速度分布。求解出诱导速度分布后，T、Q、N 和 M 都能采用叶素理论直接进行求解。

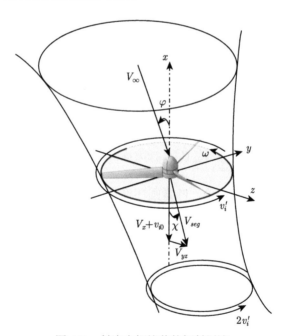

图 4.7　斜流中螺旋桨的倾斜尾迹

4.2.4 叶素动量法修正模型

经典的 BEM 通常基于叶素独立的假设,忽略了叶素之间的相互作用。当来流垂直于桨盘面时,可以忽略径向流对气动载荷的影响。然而,对于斜向来流下的螺旋桨气动仿真,考虑径向流动的影响能够提升螺旋桨模型的表征精度。另一方面,经典 BEM 螺旋桨模型没有考虑空气的可压缩性和附着在桨尖涡环的影响。为了进一步提升表征精度,本小节将介绍三种适用于 BEM 螺旋桨气动模型的修正模型。

1. 马赫数修正

当本地马赫数大于 0.4 时,空气的压缩性不可忽略。Xfoil 内建有 Karman-Tsien 压缩系数修正模型,然而在实际使用时,该压缩性修正模型经常不能收敛。为了解决这个问题,本小节拟采用一种更简单的马赫数修正方法——"Dorfling 压缩修正"[69],以确保模型的稳定性和表征精度。该模型直接以系数形式作用于 C_{L_p},但是对于 C_{D_p} 没有影响。如式 (4-26) 所示,该修正模型将修正因子描述为关于马赫数、厚度弦长比 t/c、比热容 γ 的函数。若假设在室温和标准大气压下,γ 拟取值为 1.4 [70]。

$$C_{L\_p} = \frac{C_{L0\_p}}{\sqrt{1 - M_\infty^2}} + \frac{t/c}{1 + t/c}\left[\frac{1}{\sqrt{1 - M_\infty^2}}\left(\frac{1}{\sqrt{1 - M_\infty^2}} - 1\right) + \frac{\gamma + 1}{4}\frac{M_\infty^4}{1 - M_\infty^2}\right]$$

$$(4\text{-}26)$$

2. 三维流动修正

如图 4.8 所示,当螺旋桨旋转时,气流将会在附面层内产生从叶根到叶尖的径向流动。大量风洞试验结果显示 [71],该流动现象会增大螺旋桨推力,同时增加功率消耗。因此,有必要在 BEM 模型中加入三维流动的影响。

这种径向流 (三维流动) 主要有两个成因:一是由于径向合成流速的增加而产生的展向静压梯度;二是在离心力的作用下,附注在螺旋桨表面的层流边界层产生位移,并将气流从叶根向叶尖推动。同时,螺旋桨旋转产生的科里奥利力可以将径向流向叶片尾缘引导。因此,在叶片的吸力面会产生一个逆压梯度,从而一定程度上延缓了边界层分离,使得势流可以在更高的迎角下存在。这种径向流动通常会使叶片的升力最大值提升 9% [71]。更详细的三维流动分析见参考文献 [72,73]。

本小节拟采用 Snel 三维流动修正,从而表征三维流动对螺旋桨气动力的影响。如式 (4-27) 所示,Snel 模型是关于展向位置、转速、本地合成速度和弦长的函数。另外,如图 4.9 所示,在 $-40° \sim 50°$、$-180° \sim -140°$、$140° \sim 180°$ 这三个迎角区间内,三维流动对升力系数的影响尤为显著 [73]:

$$C_{L\_3D} = C_{L\_2D} + \frac{r}{R} \times \tan h \left[3.1 \times \left(\frac{\omega r}{V_{local}} \right)^2 \times \left(\frac{c}{r} \right)^2 \right] \times (C_{L\_potential} - C_{L\_2D})$$

(4-27)

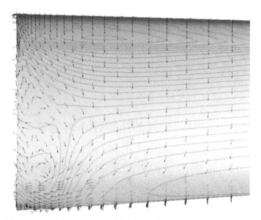

图 4.8　采用 CFD 方法计算叶根附近的三维流动

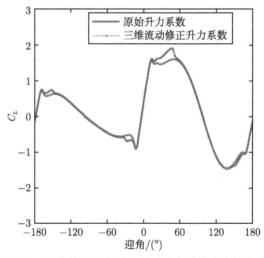

图 4.9　三维修正对典型的翼型升力系数曲线的影响

3. 桨尖损失修正

桨尖损失修正模型旨在表征螺旋桨桨尖附着涡环 (图 4.10) 对气动力的影响。由于桨尖处的吸力面与升力面缺少了叶片的阻挡，因而高压气体将沿桨尖侧面逃逸至桨尖上沿，使得桨尖处升力面与吸力面的压差减小，大大降低了螺旋桨叶尖产生的升力，而叶尖需要克服的阻力却几乎不受影响。该影响随着展项位置靠近叶片根部而逐渐减弱。Prandtl 桨尖损失修正模型 [74] 则描述了叶尖损失因子关于叶片数和径向位置的函数。将翼尖损失因子与升力系数相乘，即可得修正后的升力系数：

$$F_{Prandtl}(r) = \frac{2}{\pi}\arccos\exp\left[\frac{-B(R-r)}{R\sin(\phi(r))}\right] \tag{4-28}$$

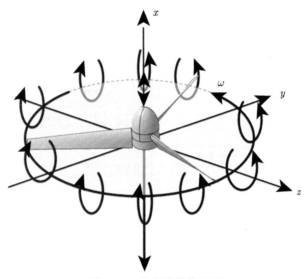

图 4.10　桨尖附着的涡环

4.2.5　电动螺旋桨气动模型实现

若将本章所建立的 BEM 电动螺旋桨气动模型实现为计算程序，则该程序的执行流程可如下安排。如图 4.11 所示，在步骤 1 中，定义螺旋桨的基本几何参数，主要包括螺旋桨直径、整流罩直径、桨叶扭转角分布和弦长分布；在步骤 2 中，定义螺旋桨气动仿真参数，主要包括倾转角、转速、来流速度和飞行高度；在步骤 3 中，调用 Xfoil 构建雷诺数 ($5\times10^4 \sim 2\times10^6$)、马赫数 (0.3~0.75)、迎角 ($-18° \sim 20°$) 对应的翼型极曲线三维数据库；在步骤 4 中，提取翼型的最大厚度、弯度和前缘半径；在步骤 5 中，根据输入的仿真条件解算出桨叶各个展向位置处的本地雷诺数和马赫数；在步骤 6 中，根据上步中求得的雷诺数和马赫数，在翼型极曲线三维数据库中查找 $-18° \sim 20°$ 迎角对应的极曲线，并在步骤 7 中采用 Dorfling 压缩性修正模型对该极曲线进行初步修正；在步骤 8 中，采用 Montgomerie 方法，并结合本地雷诺数、马赫数、前缘半径和最大厚度将极曲线扩展至 $\pm180°$ 迎角范围 [75]；在步骤 9 中，采用 Prandtl 桨尖损失修正模型，对极曲线进行进一步修正；在步骤 10 中，基于式 (4-12)~ 式 (4-25) 所描述的 BEM 螺旋桨气动模型，并调用非线性求解器对各项微元力进行迭代求解，最后沿桨叶展向积分，从而解算螺旋桨气动性能。

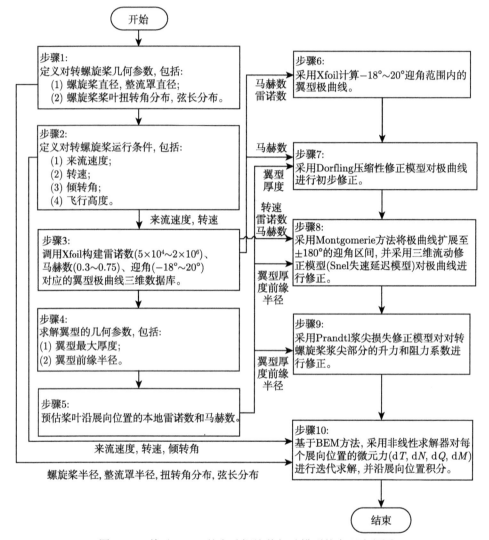

图 4.11　基于 BEM 的电动螺旋桨气动模型的实现流程图

在本流程中，拟采用 Xfoil ver.6.9[74] 生成各个翼型的升力和阻力极曲线。而由于电动螺旋桨在全飞行包线内，工作转速变化范围很宽，将会造成雷诺数有明显的变化。因而在生成翼型极曲线时，必须考虑雷诺数的影响。为了避免反复调用 Xfoil 来生成极曲线而造成的运算速度下降，本节拟通过 Xfoil 离线批量生成如图 4.12 所示的雷诺数 $(5\times10^4 \sim 2\times10^6)$ 和迎角范围 $(-18° \sim 20°)$ 内的升力、阻力系数极曲线。因此，在 BEM 仿真程序运行时，可以通过对雷诺数插值来找到对应的极曲线。

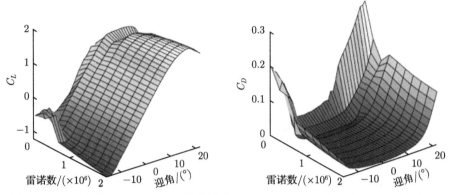

图 4.12　在雷诺数 $5 \times 10^4 \sim 2 \times 10^6$ 范围内，Xfoil 在 $0.75R$ 时的升力和阻力极曲线

在电动螺旋桨旋转平面不与来流垂直的情况下，螺旋桨叶素可能处于大迎角状态。然而，Xfoil 只适用于小迎角范围的气动系数预测，所以将其生成的极曲线的迎角范围进一步扩展很有必要。本节拟采用 Montgomerie 法 [70]，将升力和阻力极曲线延伸至 $\pm 180°$。经过扩展，BEM 程序最终生成的极曲线如图 4.13 所示。绿色线段为 Xfoil 在 $-18° \sim 20°$ 迎角区间产生的升力系数；红色线段表示平板薄片的升力系数曲线；紫色和黄色线段是 Montgomerie 法生成的极曲线，它是在 Xfoil 产生的极曲线和平板薄片极曲线之间的平滑过渡。至此，在完整迎角区间内的升力系数和阻力系数极曲线已经生成。

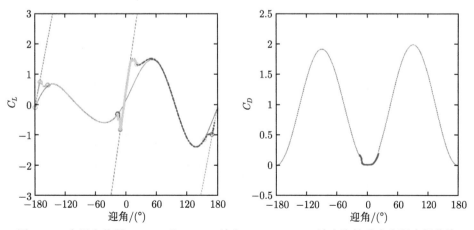

图 4.13　在展向位置 $0.75\,R$ 处，Xfoil 法和 Montgomerie 法产生的升力和阻力极曲线

4.3　电动螺旋桨优化设计

4.3.1　单独电动螺旋桨优化设计

1. 螺旋桨气动设计问题分析

适用于垂直起降飞行器的螺旋桨气动设计的挑战在于：螺旋桨需要在多个工况下保持良好的空气动力学性能。在悬停状态下，为了保证优良的悬停性能，需要螺旋桨工作在大桨盘载荷和高悬停效率下。在巡航状态下，螺旋桨型面损失和压缩性所带来的损失将主导螺旋桨的气动性能。因此，为了达到良好的推进性能，在设计螺旋桨时，必须采用小的桨盘载荷和实度，适当地减小桨尖速度并保证桨尖速度在跨声速范围以下，以避免激波所带来的性能损失。不难发现，螺旋桨在悬停和巡航状态下的气动性能设计准则是相互冲突的，推进性能的提升将导致螺旋桨悬停性能的下降，反之亦然。因此，为了在巡航设计点和悬停设计点都具有良好的气动性能，需要对螺旋桨进行折中设计。

2. 螺旋桨气动设计因子分析

螺旋桨工作状态主要包含了悬停和巡航两个设计工作状态。对于悬停状态，为了达到良好的气动性能，在进行空气动力学设计过程中，在给定设计推力下必须保证较低的桨盘载荷，以减小螺旋桨消耗的轴功率。另一方面，在巡航状态下，螺旋桨的型面阻力和压缩性引起的性能损失是影响螺旋桨推进性能的关键因素。为了保证螺旋桨在大多工作状态下具有良好的空气动力学性能，下面将会对螺旋桨气动性能的影响因素进行讨论。

1) 实度

实度的定义为螺旋桨桨叶面积与桨盘面积的比值，其表达式如下：

$$\sigma = \frac{N_{blade} \int c\,\mathrm{d}r}{\pi R^2} \tag{4-29}$$

实度的大小直接决定了螺旋桨在设计工作状态下的推力大小。在悬停状态下，诱导损失主导螺旋桨空气动力学性能，而在推进工作状态下，型面阻力主要影响螺旋桨推进性能。因此，在推进工况下，应减小桨叶面积。然而，小桨叶面积设计会降低悬停状态下所产生的推力，因此，引入变转速和变桨距螺旋桨设计是一个能同时满足各工作设计点下推力需求的设计方案。

2) 扭转角分布

螺旋桨的扭转角分布直接影响了各展向位置处叶素的工作迎角。在给定弦长分布后，桨叶扭转角分布决定了螺旋桨所在工作状态下叶素的升力和阻力系数，从而影响了螺旋桨的气动效率和载荷分布，对诱导损失和型面损失起到决定性的作用。为了满足各个工作状态下的推力和轴功率需求，在本书的螺旋桨设计过程中，将同时考虑扭转角和弦长分布，从而平衡各个设计工作状态下的气动性能。

3) 翼型和桨尖速度

为了得到良好的螺旋桨气动性能，应采用具有高升阻比的翼型。同时，为了保证各工况下螺旋桨的优良性能，该翼型应在大迎角范围内都具有较高的升阻比。另一方面，为了避免压缩效应对螺旋桨性能的不利影响，各展向位置的本地速度需要低于马赫数 0.6，并同时采用具有高发散马赫数的翼型，从而保证螺旋桨的气动性能。

3. 螺旋桨气动性能度量指标

1) 悬停效率

悬停效率是设计悬停性能的度量指标之一，它是一个相对性度量指标，其定义为理想状态下螺旋桨工作所需的轴功率与实际情况下螺旋桨所需轴功率的比值，其表达式如下：

$$\text{FoM} = \frac{P_{ideal}}{\kappa P_{ideal} + P_0} \tag{4-30}$$

其中，P_{ideal} 为理想轴功率，由动量理论计算所得；κ 为值大于 1 的诱导损失因子；P_0 为型面损失所消耗的功率。

2) 功率载荷

功率载荷是一个绝对性能衡量指标，其定义为单位功率下螺旋桨所能产生的推力，即

$$\text{PL} = \frac{T}{P} \tag{4-31}$$

功率载荷表达式中直接显含了真实轴功率值，能直接推算出飞行器在该工作状态所需的能量消耗。结合悬停效率，功率载荷还有另一形式的表达：

$$\text{PL} = \frac{\text{FoM}\sqrt{2\rho}}{\sqrt{DL}} \tag{4-32}$$

从以上公式可以看出，为了得到高悬停功率载荷，高悬停效率和低桨盘载荷是必要条件。在给定设计推力下，采用大直径的螺旋桨设计以得到低的桨盘载荷的设计方法，与巡航状态降低型面阻力的设计准则存在矛盾。本章将采用功率载荷作为直接衡量螺旋桨性能的指标。

3) 推进效率

螺旋桨在包线内涉及多个飞行状态，当螺旋桨工作在巡航状态时，需要足够的推力以克服巡航时的飞行阻力，相较于悬停状态所需克服飞行器自身重量而产

生的推力，巡航所需的推力是一个小量。因此，螺旋桨在推进状态时所产生的诱导阻力并不是影响螺旋桨推进性能的主要因素。根据推进效率定义：推进功率与螺旋桨所需轴功率之比，推进效率表达式可有以下形式：

$$\eta_p = \frac{TV_0}{TV_0 + P_{ind} + P_0} \tag{4-33}$$

$$\eta_p = \frac{1}{1 + \dfrac{\overline{v_l}}{V_0} + \dfrac{P_0}{TV_0}} \tag{4-34}$$

其中，TV_0 为推进功率，即推力与飞行速度的乘积；P_{ind}, P_0 分别为诱导功率和克服型面阻力的功率消耗。根据动量理论，桨盘等效诱导速度可表示为

$$\overline{v_l} = -\frac{V_0}{2} + \sqrt{\left(\frac{V_0}{2}\right)^2 + \frac{T}{2\rho\pi R^2}} \tag{4-35}$$

结合以上公式，可以发现在较高的飞行速度下，诱导损失随飞行速度的增大而减小。所以在高速巡航时，型面损失是影响推进效率的主要因素。因此，为了优化螺旋桨的推进效率，应减小螺旋桨面积和桨尖速度，采用高升阻比和高发散马赫数翼型，从而达到减小型面阻力的目的。

4.3.2 电动螺旋桨系统协同优化设计

1. 问题描述

图 4.14 为垂直起降概念飞行器，图 4.15 为电推进系统组成，包括螺旋桨、电机系统和电池系统。在本节中，电推进系统是两个变距螺旋桨、两个带控制器的电动机和一个功率变换器的组合。电池系统包括锂离子圆柱形电池、能量和热管理系统以及防震外壳。

图 4.14 垂直起降概念飞行器

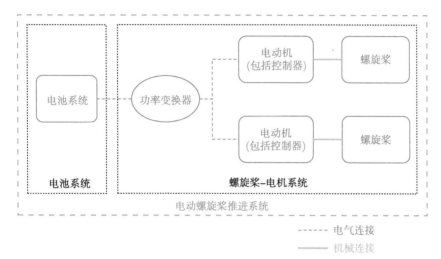

图 4.15 垂直起降飞行器的电推进系统结构

如表 4.3 所示，垂直起降飞行器的典型飞行场景有两种：悬停状态和巡航状态。在悬停状态下，两个电动螺旋桨通过倾转使旋转平面水平向上，像直升机一样产生升力。在这种情况下，电动螺旋桨系统需要保证垂直起降飞行器维持在悬停状态至少 3min。同时，一个设计良好的电动螺旋桨系统应该尽可能轻，以携带更多的电池或任务载荷。因此，在悬停状态下，拟将推重比作为评价电动螺旋桨系统性能的关键指标。另一方面，在巡航状态下，电动螺旋桨系统需要在高速、高空 (200km/h, 2000m) 下为飞行器提供高推进效率。因此，在巡航状态下，电推进系统的整体效率是评价该系统性能的关键指标。

表 4.3　不同飞行阶段的典型设计要求

状态	V_∞ /(km/h)	高度/ m	电动螺旋桨推力需求 /kgf	时间/min
悬停阶段	0	0 ~ 500	50	3
巡航阶段	200	2000	4.17	尽可能长

不同的工作状态对电动螺旋桨系统的设计要求也不同。同时，各部件之间复杂的相互作用也给设计带来许多挑战。对于电动螺旋桨来说，典型的设计冲突如下：最优悬停螺旋桨在叶片扭转角较小的情况下半径较大，而最优巡航螺旋桨在叶片扭转角较大的情况下半径较小。电机的最大转矩和转速对电机的效率和质量有很大影响。例如，更高的转速和适度的转矩可以提高电机的效率，但由于功率也随之提高，电机质量也会很高，这将对电动螺旋桨系统的推重比十分不利。对于电池系统来说，电机所消耗的功率和电机的电磁参数会影响电池的放电速率和排列方式。综上所述，若要实现兼顾悬停和巡航两种状态的优化设计，需要仔细

制定目标函数，将各部件的气动、电气和质量模型综合起来，进行电动螺旋桨系统的全局优化设计。

2. 模型描述

这一部分将详细推导变距螺旋桨、电动机、功率变换器和电池系统的模型，尤其是变距螺旋桨和电动机的模型。

1) 螺旋桨质量模型

螺旋桨质量模型由桨叶质量和桨距调节机构质量两部分组成，叶片采用复合结构，通过计算离心、挥舞和扭转载荷在叶片上的分布，可以推导出螺旋桨叶片的质量。另一方面，总距角调节机构的质量与电动螺旋桨的最大推力成正比。因此，主桨质量模型的输入为主桨的半径、弦长和最大推力需求，输出为主桨叶片质量与变距机构质量之和：

$$m_{prop} = f_{m_{prop}} \left(R_{tip}, c, T_{prop} \right) \tag{4-36}$$

螺旋桨质量模型的典型输出如图 4.16 所示。

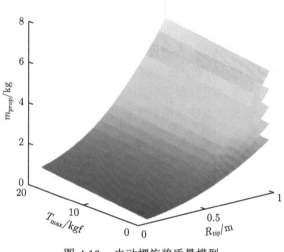

图 4.16   电动螺旋桨质量模型

2) 电机模型

该电推进系统拟采用无刷直流电机。对于电机模型，输入为电机的需求功率和转速；输出是电机质量、电机的电能消耗、电机效率、额定电枢电流和最大转矩关于转速的函数。

A. 质量模型

由于电动螺旋桨是由电动机直接驱动的。因此，电动螺旋桨和电动机具有相

同的转速和轴功率:

$$P_{motor} = P_{prop} \tag{4-37}$$

通过获取大量公开的航空用无刷电机参数,拟合出用于预测电机质量的方程。如图 4.17 所示,电机的最大输出功率可以看作电机质量的线性函数。函数的梯度为电机功率密度。由此可以推导出电机质量的公式:

$$m_{motor} = \frac{P_{motor}}{\rho_{motor}} \tag{4-38}$$

其中,ρ_{motor} 为电机的功率密度。在本节中,ρ_{motor} 值设定为 4.35kW/kg,并忽略电机的几何外形对功率密度的影响。

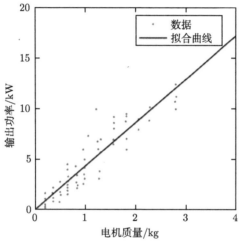

图 4.17 无刷直流电机最大输出功率与电机质量的拟合曲线

B. 电气模型

为了进一步约束电动螺旋桨系统设计,本节引入了电机的电气模型。无刷直流电机[75] 的等效电路如图 4.18 所示,其中 V_a 为电枢电压,I_a 为电枢电流,R_a 为电路内阻,E 为反电动势。则电机的等效电路可以给出如下关系式:

$$V_a = E + I_a \cdot R_a \tag{4-39}$$

R_a 是关于 K_V 的函数。如图 4.19(a) 所示,该函数通过 1000 多种规格的无刷直流电机参数拟合而成。B_{Ra}^1 和 B_{Ra}^2 的值分别取 40rpm/V 和 500rpm/V:

$$I_a = \frac{P_{motor}}{E} \tag{4-40}$$

$$R_a = \frac{B_{Ra}^1}{K_V + B_{Ra}^2} \tag{4-41}$$

$$E = K_T \cdot \omega_m \tag{4-42}$$

$$K_T = \frac{30}{\pi \cdot K_V} \tag{4-43}$$

图 4.19(b) 展示了 K_V 与电机质量的函数关系。该函数同样由 1000 多组无刷电机参数拟合得到

$$K_V = \frac{B_{KV}^1}{m_{motor} + B_{KV}^2} \tag{4-44}$$

其中，B_{KV}^1 和 B_{KV}^2 是两个常数，B_{KV}^1 取值 $50\mathrm{rpm \cdot kg} / \mathrm{V}$，$B_{KV}^2$ 取值 $-0.15\mathrm{kg}$。

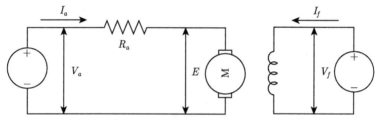

图 4.18　无刷直流电机等效电路

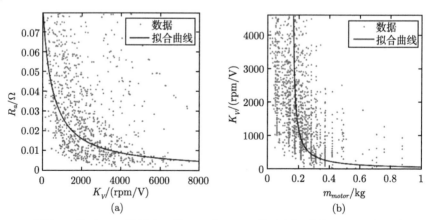

图 4.19　电阻 R_a 关于 K_V 的拟合函数 (a) 以及 K_V 关于电机质量 m_{motor} 的拟合函数 (b)

C. 性能模型

在本节中，转速–转矩和转速–功率关系将由悬停状态下的运行条件 (最大转速和轴功率) 决定，如图 4.20 所示，假设悬停状态电动螺旋桨转速为电机基速的 1.5 倍。同时，在悬停状态下，假设电机输出功率等于电机的额定功率，输出转矩

小于等于额定转矩, 电枢电流和反电动势都达到其额定值。确定电动机主要参数的设计过程如下: 首先, 分别采用等式 (4-44)、式 (4-43)、式 (4-41) 计算 K_V、K_T 和 R_a; 其次, 由悬停工作转速推导出电机的基速; 然后, 代入式 (4-42) 求解额定反电动势; 之后, 将螺旋桨轴功率和额定反电动势代入式 (4-40) 即可求解额定电流; 最后, 利用式 (4-39) 确定电机的额定电枢电压。

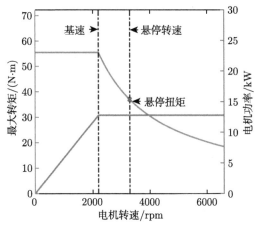

图 4.20 最大转矩、电机功率与电机转速的典型关系

此外, 为了反映扭矩和转速对电机效率的影响, 本节还引入了电机的效率模型。无刷直流电机效率模型 [76] 表示为

$$\eta_{motor} = \frac{P_{motor}}{P_{motor} + P_{Loss}} \tag{4-45}$$

其中, P_{Loss} 为电机功率损失之和。这种损耗由四个部分组成: 铜损耗、铁损耗、绕组损耗和电机控制器功耗。P_{Loss} 的表达式如式 (4-46) 所示, 它是电机输出转矩和转速的函数:

$$P_{Loss} = K_c \cdot Q_{motor}^2 + K_i \cdot \omega_m + K_w \cdot \omega_m^3 + C \tag{4-46}$$

其中, K_c 为铜损耗系数。这种损耗是由于电路中的内阻造成的。铜损耗与转矩的平方有关, 即电枢电流的平方:

$$K_c = \frac{R_a}{K_T^2} \tag{4-47}$$

K_i 为铁的损耗系数。随着转速的增大, 磁滞损耗和涡流逐渐增大, 铁损耗也会增大。K_w 为风损系数。电机转子旋转时会受到风阻。因此, 风阻损失是转速的函数。常值 C 是功率控制器消耗的功率, 与输出的转速和转矩无关。利用刚刚建立的效率模型, 可以推导出任意转矩和转速下的电机效率, 如图 4.21 所示。

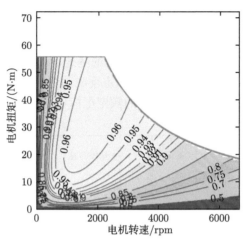

图 4.21　由上述模型生成的典型无刷直流电机效率图

3) 功率变换器模型

电推进系统中拟采用的功率变换器为 DC/DC 变换器，由于其功率密度高，具有体积小、质量轻的优点，该功率变换器的质量对系统重量的影响远小于螺旋桨和电动机的影响。为简化表达，功率变换器质量模型假定为功率密度的线性函数：

$$m_{PC} = \frac{P_{motor}}{\eta_{motor} \cdot \rho_{PC}} \tag{4-48}$$

其中，ρ_{PC} 表示功率密度，并将其值设为 $5.88\text{kW/kg}^{[77]}$。

4) 储能系统

电池是储能系统的重要组成部分。由于技术上的限制，现阶段动力电池的比能量和比功率都较低，因而电池组可能是飞行器各部件中最重的部分，对电动飞行器的重量影响很大。为了确保表征精度，需要仔细确定电池组的比能量。

由于圆柱电芯能够在机身内灵活布局，并且具有优秀的一致性，该电池组拟采用圆柱形三元锂电池组成。如图 4.22 所示，通过分析大量圆柱形锂电池参数 [78]，可以获得圆柱形锂电池典型的能量密度为 239W·h/kg。

然而，电芯的能量不能代表整个电池组的比能量。首先，电池采用串联和并联方式互连；每个电芯由单独的传感器监测，一同被封装在阻燃壳体中，以形成电池模块；而一个电池组又由多个电池模块、能量管理系统和热管理系统组成，并封装在防震外壳中。经过多次封装，电池组的能量密度将比电芯的能量密度低得多。假设锂电池组的封装效率为 $0.552^{[79]}$。电池组质量 $m_{battery}$ 可表示为式 (4-50)：

$$\rho_{pack} = \eta_{packing} \cdot \rho_{cell} \tag{4-49}$$

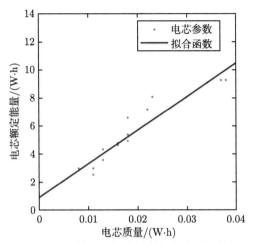

图 4.22 锂离子电池电芯额定能量与电芯质量的拟合曲线

$$m_{battery} = \frac{E_{battery}}{\eta_{motor} \cdot \eta_{PC} \cdot \rho_{pack}} \quad (4\text{-}50)$$

此外，电池组中的电芯排列方式也对放电速率 C_{rate} 有影响，它可通过下列公式进行计算：

$$\begin{cases} n_s = \left\lceil \dfrac{V_{bus}}{V_{cell}} \right\rceil \\ n_p = \left\lceil \dfrac{E_{battery}}{E_{cell} \cdot n_s} \right\rceil = \left\lceil \dfrac{E_{battery}}{Q_{cell} \cdot V_{bus}} \right\rceil \end{cases} \quad (4\text{-}51)$$

$$I_{bus} = \frac{P_{battery}}{V_{bus}} \quad (4\text{-}52)$$

$$P_{battery} = \frac{P_{prop}}{\eta_{motor} \cdot \eta_{PC}} \quad (4\text{-}53)$$

$$C_{rate} = \frac{I_{bus}}{Q_{cell} \cdot n_p} = \frac{P_{battery}}{Q_{cell} \cdot V_{bus} \cdot n_p} \quad (4\text{-}54)$$

其中，V_{bus} 和 V_{cell} 分别为锂电池的额定母线电压和额定端电压。在本节中，V_{bus} 设为 200V，V_{cell} 设为 3.65V，且与电荷状态无关。标称容量 Q_{cell} 设为 1.2A·h。n_s 和 n_p 分别是在电池系统中串联和并联的电池数量。在实际情况中，n_s 和 n_p 都是整数。因此，需要使用 ceil 函数对计算结果进行取整。如果忽略这一点，则可以得到一个更简洁的放电速率 C_{rate} 表达式，如式 (4-55) 所示：

$$C_{rate} = \frac{P_{battery}}{E_{battery}} \quad (4\text{-}55)$$

3. 优化设计

本节选取的设计参数为电动螺旋桨直径、叶片扭度、弦长放大系数和电动螺旋桨转速。通过引入如表 4.4 所示的上下边界，避免了不符合实际的几何外形和转速。

表 4.4　悬停状态设计变量边界

参数	下边界	上边界
直径/ m	0.5	2
扭度/(°)	10	50
弦长放大系数	0.5	2
转速/rpm	1000	5000

本节采用的非线性约束条件如下：第一个不等式约束是叶尖马赫数不超过 0.65，从而限制噪声：

$$M_{tip} \leqslant 0.65 \tag{4-56}$$

第二个不等式约束的是电机的最大电流。这个约束之所以重要，主要有两个原因。首先，高电枢电流、高功率密度电机的散热是一个严峻的挑战，一般来说，铜损随额定电枢电流的增大而增大。在本系统中，拟采用的散热方式为被动空气冷却，这种散热设计重量轻但散热能力有限，因此，应对电动机的电枢电流进行约束。其次，受现阶段电池技术的限制，锂离子电池的放电速率 C_{rate} 也需要受到限制。基于这两个原因，本节中 C_{rate} 的上限设为 5C，于是有如下不等式约束：

$$C_{rate} \leqslant 5C \tag{4-57}$$

优化算法选择遗传算法 (GA)。遗传算法是一种求解约束优化问题全局解的数值方法。该算法旨在模拟自然选择的过程，在给定的边界内，对各个设计变量进行随机选取，从而寻找全局最小值或最大值。在算法开始前，首先生成一定数量的随机个体，称为种群的初始化。种群的进化可分为三种方式：遗传、杂交和突变。遗传是指使用适应度函数 (目标函数) 对每个个体打分，从而择优选取，直接进入下一代种群；杂交是指种群中的个体按一定的概率 (交配概率) 进行交配，即将两个个体的部分染色体进行交换，从而形成一对新的个体，并进入下一代种群；突变是指按一定的概率 (突变常数) 直接随机生成与上一代无关的新个体，进入下一代种群。经过上述的进化过程，产生的个体逐代向增加种群适应度的方向发展，周而复始，直到终止条件满足为止。

1) 单目标优化设计

A. 悬停状态：推重比优化

悬停状态下优化设计的目标是使电推进系统的推重比最大。本例中的电推进系统包括两个变距螺旋桨、电动机和功率变换器。此外，除了上述的非线性约束

式 (4-56)、式 (4-57)，还需要添加一个等式约束。在悬停状态下，电推进系统必须产生升力以克服飞行器最大起飞重量。因此，等式约束可以写成如下式 (4-58)：

$$T_{required}^{hover} - T_{prop}(R_{tip}, A_F, k_\theta, V_\infty, \omega) = 0 \tag{4-58}$$

在悬停状态下，每个电动螺旋桨所需的推力如公式 (4-59) 所示：

$$T_{required}^{hover} = \text{MTOW}/2 \tag{4-59}$$

计算推重比的相关公式如下所示：

$$\begin{cases} J_{hover} = \max\left(\text{TWR}_{elecsys}\right) = \max\left(\dfrac{2 \cdot T_{required}^{hover}}{m_{elecsys}}\right) \\ m_{elecsys} = 2 \cdot m_{prop} + 2 \cdot m_{motor} + m_{PC} \\ m_{prop} = f_{m_{prop}}\left(T_{required}^{hover}, R_{tip}, A_F, \rho_{motor}\right) \\ m_{motor} = f_{m_{motor}}\left(P_{prop}\left(T_{required}^{hover}, R_{tip}, A_F, k_\theta, \omega\right), \rho_{motor}\right) \\ m_{PC} = f_{m_{PC}}\left(P_{prop}\left(T_{required}^{hover}, R_{tip}, A_F, k_\theta, \omega\right), \eta_{motor}, \rho_{PC}\right) \end{cases} \tag{4-60}$$

悬停状态优化过程流程图如图 4.23 所示。在优化开始时，对设计参数、总距角和任务要求进行初始估计，并将计算结果传递给电动螺旋桨 BEM 气动模型。然后迭代总距角，直到在规定的非线性约束下满足所需推力。随后将解出的轴功率传递给电动机质量模型、功率变换器质量模型、变距螺旋桨质量模型，从而得到电推进系统质量。重复上述过程，直到迭代出最大的电推进系统推重比。

B. 巡航状态：推进系统效率优化

对于巡航状态，优化目标是使电动螺旋桨系统的巡航效率 η_{cruise} 最大化。设计变量和非线性约束与上一小节相同，同时需增加巡航状态所需推力的等式约束：

$$T_{required}^{cruise} - T_{prop}(R_{tip}, A_F, k_\theta, V_\infty, \omega) = 0 \tag{4-61}$$

在巡航状态下，每个螺旋桨所需产生推力如下所示：

$$T_{required}^{cruise} = \frac{\text{MTOW}}{2 \cdot \dfrac{L}{D}} \tag{4-62}$$

因此，巡航状态下，电动变距螺旋桨系统的目标函数可以表示为

$$\begin{cases} J_{cruise} = \max\left(\eta_{elecsys}\right) = \max\left(\dfrac{T_{required}^{cruise} \cdot V_{\infty} \cdot \eta_{motor} \cdot \eta_{PC}}{P_{cruise}}\right) \\ P_{cruise} = f_{P_{prop}}\left(T_{required}^{cruise}, R_{tip}, A_F, k_{\theta}, \omega, V_{\infty}\right) \\ \eta_{motor} = f_{\eta_{motor}}\left(Q_{cruise}, \omega_m\right) \end{cases} \quad (4\text{-}63)$$

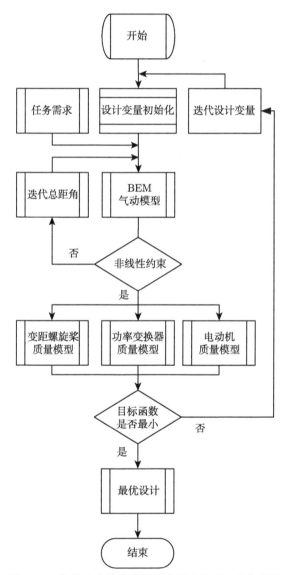

图 4.23　悬停状态下电动螺旋桨最大推重比优化流程

巡航状态优化过程流程图如图 4.24 所示，其优化流程比悬停状态优化简单很多。其主要区别在于：巡航状态的优化目标函数仅受螺旋桨气动性能的影响，不必考虑质量模型。

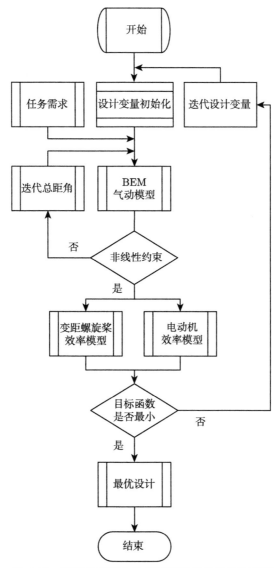

图 4.24 巡航状态下电动螺旋桨推进效率优化流程

2) 多目标优化设计

多目标优化旨在设计一个在悬停和巡航两种状态下都具有良好性能的电动螺旋桨推进系统。前两个单目标优化结果为电推进系统提供了设计的边界。

式 (4-64) 中给出了多目标优化设计的目标函数，其中 m_{sys} 指电推进系统和电池系统允许的总重量。该重量设为飞行器最大起飞重量的一半：

$$
\begin{cases}
J_{hover+cruise} = \max\left(Endurance\right) \\[2mm]
\quad = \max\left(\cfrac{\dfrac{(m_{system}-m_{elecsys})\cdot\rho_{pack}-2\cdot P_{hover}\cdot t_{hover}}{2\cdot P_{cruise}}}{\eta_{motor}\cdot\eta_{PC}}\right) \\[6mm]
\quad = \max\left(\cfrac{\left(m_{system}\cdot\rho_{pack}-\dfrac{T_{required}^{hover}\cdot\rho_{pack}}{\mathrm{TWR}_{elecsys}}-2\cdot P_{hover}\cdot t_{hover}\right)\cdot\eta_{elecsys}}{2\cdot T_{required}^{cruise}\cdot V_{\infty}}\right) \\[6mm]
m_{sys} = f_{m_{sys}}\left(m_{prop}\left(T_{required}^{hover},R_{tip},A_F\right),m_{motor}\left(P_{hover},\rho_{motor}\right),\right. \\[2mm]
\qquad\qquad \left. m_{PC}\left(P_{hover},\rho_{PC},\eta_{motor}\right)\right) \\[2mm]
P_{hover} = f_{P_{hover}}\left(T_{required}^{hover},R_{tip},A_F,k_\theta,\omega_{hover}\right) \\[2mm]
P_{cruise} = f_{P_{cruise}}\left(T_{required}^{cruise},R_{tip},A_F,k_\theta,\omega_{cruise}\right)
\end{cases}
\tag{4-64}
$$

目标函数 $J_{hover+cruise}$ 拟设为航时。相关公式如式 (4-37) 所示，目标函数的分母为巡航时电推进系统所需要的功率，分子为储能系统可用于巡航的总能量。更长的航时要求更高的推重比和更高的巡航效率。因此，采用航时最长为目标函数可以兼顾高推重比和高巡航效率。

除了方程中的非线性约束，还需要对电动螺旋桨最大扭矩引入不等式约束，如式 (4-65) 所示：

$$
\begin{cases}
Q_{prop}^{cruise} \leqslant Q_{\max} = k_t \cdot I_a, & N_{prop} < N_{base} \\[2mm]
Q_{prop}^{cruise} \leqslant Q_{\max} = \dfrac{P_{\max}}{\omega_m}, & N_{prop} > N_{base}
\end{cases}
\tag{4-65}
$$

多目标优化的流程如图 4.25 所示。与前两次单目标优化设计的优化过程相比，多目标优化过程中增加了电池系统模型和航时计算模块。在优化开始时，对设计参数、总距角和任务要求进行初步估计，并将计算结果传递给电动螺旋桨 BEM 气动模型。重复以上步骤并迭代总距角，直到在规定的非线性约束下满足所需推力为止。

表 4.5 给出了两种单目标优化设计结果和一种多目标优化设计结果。针对悬停状态的优化设计能够产生最高的推重比，但将该设计应用于巡航时，推进系统效率最低。更大的螺旋桨直径可以提升推进系统推重比，电动螺旋桨直径越大，诱导的滑流速度和诱导功率就越低，因此，悬停效率随直径的增大而增大。然而，悬停状态下的最优螺旋桨直径并不会无限增大，因为叶片质量会随着直径的增大而

增大，从而降低电动螺旋桨系统推重比。另一方面，由于窄叶片有利于提高叶片的升阻比，因而减小螺旋桨叶片宽度，可以有效提升推进系统推重比。此外，针对悬停状态的优化设计结果揭示了低扭度叶片更有利于提升推重比，因为叶片各展向位置处的流入角在展向分布上的差异相对较小，从而降低悬停状态下的功率消耗，因此，电机的重量也可以更轻，从而进一步提高推重比。

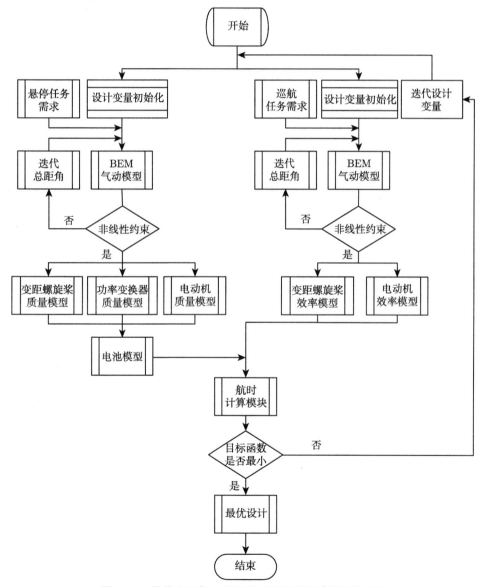

图 4.25　悬停和巡航两种状态下的电推进系统优化流程

表 4.5　单目标和多目标优化设计

电动螺旋桨系统协同优化：单目标、多目标优化设计结果					
状态	悬停		巡航		悬停 + 巡航
目标函数	推重比最大		巡航效率最高		航时最长
参数	参数值				
电动螺旋桨气动外形参数					
D/m	1.47		0.95		1.26
A_F	0.50		0.69		0.50
σ	0.05		0.07		0.05
k_θ/(°)	7.86		41.22		32.63
电动螺旋桨运行参数					
N/rpm	2786	822.46	3992	2567	3251	1177
M_{tip}(马赫数)	0.63	0.19	0.58	0.38	0.63	0.00
V_∞/(km/h)	0.00	200	0.00	200	0.00	200
h/m	0.00	2000	0.00	2000	0.00	2000
θ_0/(°)	6.08	56.39	21.37	28.67	7.60	45.65
$\alpha_{0.75R}$/(°)	2.84	7.26	15.36	5.21	4.85	3.50
电动螺旋桨性能参数					
T_{prop}/kgf	50.00	4.17	50.00	4.17	50.00	4.17
P_{prop}/kW	7.23	3.01	10.24	2.60	9.16	2.66
Q_{prop}/(N·m)	24.78	34.93	18.42	11.98	26.90	21.56
η_{hover} 或 η_{prop}	0.74	0.75	0.45	0.87	0.69	0.85
电动机性能参数					
V_a/V	69.94		27.30		98.28	
I_a/A	117.10		157.74		100.36	
R_a/Ω	0.07		0.07		0.07	
K_V/(rpm/V)	30.08		83.80		23.75	
Q_{rated}/(N·m)	37.17		17.98		40.35	
η_{motor}	0.91	0.77	0.95	0.92	0.92	0.91
$\eta_{elecsys}$	0.58		0.80		0.77	
各部件以及系统重量					
$m_{elecsys}$/kg	5.75		9.07		6.10	
m_{prop}/kg	3.09		2.41		2.75	
m_{motor}/kg	1.66		4.24		2.11	
m_{pc}/kg	0.99		2.43		1.24	
$m_{battery}$/kg	N/A		N/A		37.81	
$TWR_{elecsys}$	8.70		5.51		8.20	

　　针对巡航状态的优化设计会带来最优的电推进系统效率，但系统推重比则会降低。这一现象也证明了推重比和巡航效率是相互矛盾的优化设计目标，使得巡航效率最优的螺旋桨倾向于采用最小的直径，从而减小巡航时的迎面阻力。但是，由于推力需求和翼尖速度的约束，螺旋桨直径不会无限制地减小。此外，使得巡

航效率最优的螺旋桨的叶片具有更显著的扭转，以适应巡航时叶片各展向位置处入流角的显著变化。尽管较小的螺旋桨转速有利于提升巡航效率，但同时也提升了电机的感应功率，因而需要较重的电机，最终导致推进系统推重比下降。

表 4.5 第 3 列展示了多目标优化设计结果，可以看到设计结果在两种单目标优化设计之间进行了折中：最优航时螺旋桨具有中等的直径、非常窄的叶片和相对高度扭曲的叶片。

综上所述，在三种最优设计中，针对悬停状态的最优设计给出了一个大半径、低实度、低转速的电动螺旋桨，以达到最高的推重比。相反，针对巡航状态的最优设计给出了一个小半径、大实度、高转速的螺旋桨，以达到最高的巡航效率。多目标设计则在推重比和推进效率之间进行折中，以获得最佳的整体性能，使飞行器航时达到最大化。其中，悬停状态下多目标设计的推重比比最优悬停设计低 5.75%，多目标设计的推进效率比最优巡航设计低 3.75%。

4.4 优化设计初步验证

为验证电动螺旋桨系统的优化设计的实际性能，通过风洞试验对电动螺旋桨的电机转速、推力、转矩和轴功率等性能参数进行了测量。

4.4.1 试验装置

为验证变距螺旋桨的优化设计，在亚声速风洞中进行了一系列试验。图 4.26 显示了试验装置的整体外观。试验段尺寸为 4.5m×3.5m×6.0m。短舱内的气动马达驱动电动螺旋桨。气动载荷由嵌入在电动螺旋桨桨毂中的 ATI 高分辨率应

图 4.26 风洞试验装置的整体外观

变天平测量，该天平的最大量程可达 8600N，分辨率为 $\dfrac{1}{320}$N。力矩测量范围为 ±300N·m，分辨率为 $\dfrac{1}{6400}$N·m。为了隔离气动载荷对传感器的直接冲击，本试验中采用一个钢制的转盘来保护传感器。螺旋桨旋转面积为试验截面横截面积的 5.5%，因而减少了洞壁效应对测量结果的干扰。

4.4.2　BEM 模型预测的最优电动螺旋桨性能与试验数据的比较

如图 4.27 和图 4.28 所示，所建立的解析 BEM 模型对悬停和巡航状态的预测均与风洞试验数据具有良好的一致性。在静态性能试验中，螺旋桨推力、功率的预测值与试验数据的最大偏差不超过 5%。在风洞试验中，螺旋桨推力、功率和推进效率与试验数据的最大偏差不超过 10%。因而，建立的解析 BEM 螺旋桨模型可以表征电动螺旋桨在这两种典型操作场景下的性能。

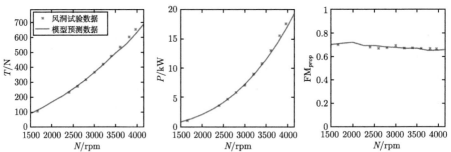

图 4.27　电动螺旋桨模型验证：悬停状态，总距角为 10°，大气密度为 1.17kg/m³，转速范围为 1500 ～ 4100rpm

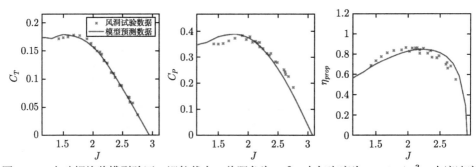

图 4.28　电动螺旋桨模型验证：巡航状态，总距角为 50°，大气密度为 1.17kg/m³，来流速度为 50m/s，前进比范围为 1.15～3

4.5 小　　结

电动螺旋桨系统一般由变速变距螺旋桨、电动机、功率变换器和电池系统组成，具有布局灵活、响应速度快、调速范围宽等优势，特别适用于多旋翼无人机、垂直/短距起降飞行器等。为了进一步提升电动螺旋桨推进系统的性能，需要不断完善螺旋桨与电动机等各部件性能匹配，从而提升系统推重比、减少单位推力的功率消耗。针对该系统的优化问题主要存在以下难点：一方面，该系统在多种工况下的设计要求矛盾，设计时需要做出权衡；另一方面，各部件的特性之间具有强耦合，且随工况的转换而产生明显变化。因此，对该系统的综合优化设计具有多目标、跨学科、多约束的特点。在本章中，通过分析电动变距螺旋桨的气动载荷产生机理，建立了电动螺旋桨气动模型表征方法，提取电动螺旋桨气动设计和电动机设计关键参数，建立变距螺旋桨–电动机耦合模型，并采用随机优化算法 (如遗传算法) 对多个设计变量进行迭代，从而提出了电动螺旋桨推进系统协同优化设计方法，最终完成电动螺旋桨推进系统的优化设计。

第 5 章　尾坐式垂直起降飞行器起降阶段稳定性分析

5.1　引　　言

如图 5.1 所示，尾坐式无人机垂直起飞模式分为三个阶段：起落架均在地面 (静态阶段)、一侧起落架离开地面 (起降阶段)、起落架全部离开地面 (悬停阶段)。

图 5.1　尾坐式无人机垂直起飞模式的三个阶段

垂直起降飞行器起落架触地阶段，地面与起落架之间的作用力相对于重心产生力矩，水平速度产生的动量、推力在水平面的分量、侧风带来的气动阻力等可使得尾坐式飞行器绕着起落架–地面接触点翻转，该阶段飞行器动力学模型与悬停状态具有很大差异，需要分析地面作用力产生机理，建立飞行器–地面耦合动力学模型，建立稳定性判据，进而研究尾坐式飞行器稳定性规律。

本章结构安排如下：5.2 节分析尾坐式飞行器触地阶段起落架–地面作用力，构建起落架触地阶段无人机动力学模型；5.3 节提出尾坐式飞行器触地阶段稳定判据以及稳定裕度表征方法，基于此分析开环控制情况下尾坐式飞行器稳定性规律；5.4 节给出在闭环控制情况下尾坐式飞行器稳定性规律，分析了地面倾斜角、水平速度、力操纵/力矩操纵、地面–起落架摩擦状态等因素对尾坐式飞行器稳定性影响的规律，提出稳定、可靠控制方法；5.5 节给出了仿真及试验结果；5.6 节对本章进行小结。

5.2 起落架触地阶段动力学模型

飞行器起飞过程中的受力分析如图 5.2 所示，两侧起落架所受地面支撑力和摩擦力分别为

$$\begin{aligned}
\boldsymbol{F}_A^g &= \begin{pmatrix} 0 & -F_1 & -N_1 \end{pmatrix}^{\mathrm{T}} \\
\boldsymbol{F}_B^g &= \begin{pmatrix} 0 & -F_2 & -N_2 \end{pmatrix}^{\mathrm{T}}
\end{aligned} \tag{5-1}$$

此时纵向动力学为

$$\begin{cases}
I_{yy}\ddot{\theta} = \Delta M_y + M_{Ty} - L_{ele}\left(h - h_{ele}\right) - N_2\left|\boldsymbol{R}\right|\cos\left(\theta - \theta_0 + \eta_0\right) \\
\qquad + F_2\left|\boldsymbol{R}\right|\sin\left(\theta - \theta_0 + \eta_0\right) \\
m\begin{pmatrix} \ddot{x}_{og} \\ \ddot{z}_{og} \end{pmatrix} = \begin{pmatrix} F_2 \\ -N_2 \end{pmatrix} + mg\begin{pmatrix} -\sin\theta_0 \\ \cos\theta_0 \end{pmatrix} \\
\qquad + \begin{pmatrix} \cos\left(\theta - \theta_0\right) & \sin\left(\theta - \theta_0\right) \\ -\sin\left(\theta - \theta_0\right) & \cos\left(\theta - \theta_0\right) \end{pmatrix} \begin{pmatrix} -L_{ele} \\ D_{ele} - T \end{pmatrix}
\end{cases} \tag{5-2}$$

其中，θ_0 是地面倾斜角，其他项分别表示为

$$L_{ele} = L_{\delta 1} + L_{\delta 2}, \quad D_{ele} = D_{\delta 1} + D_{\delta 2}$$

$$\left|\boldsymbol{R}\right| = \sqrt{h^2 + a^2}, \quad \eta_0 = \arctan\left(a/h\right)$$

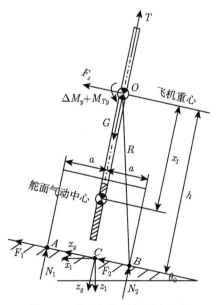

图 5.2 垂直起飞过程受力分析

5.3　开环控制起降稳定性分析

5.3.1　高摩擦地面时稳定性分析

如图 5.3 所示，展示了尾坐式无人机在倾斜地面的几何示意。对图 5.3(a)，通过连接起落架与地面的四个接触点，从而形成了一个支撑的凸多边形。当飞行器的重心映射位于该多边形内部时，其状态是静稳定的。而对图 5.3(b)，当无人机起飞时，由于地面摩擦，会使得其并未绕重心，而是绕地面接触点发生转动，此时需要对其动态稳定性展开分析。

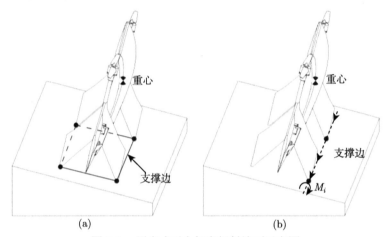

图 5.3　尾坐式无人机在倾斜地面示意图

尾坐式无人机动态稳定的定义是俯仰/滚转力矩绕上述支撑多边形的边线顺时针方向为负，此即

$$M_i < 0, \quad i = 1, \cdots, 4 \tag{5-3}$$

图 5.3 中支撑多边形的右沿是俯仰旋转轴，绕该转轴的俯仰力矩为

$$9M_y = -mg\,|\boldsymbol{R}|\sin(\eta_0 - \theta) + (T - D_{ele})\,a + L_{ele}h_{ele} + M_{Ty} + \Delta M_y \tag{5-4}$$

若式 (5-3) 成立，我们定义纵向动态能量稳定裕度为倾转无人机的俯仰角到达 $\eta = \min(\eta_0, \theta_{trim})$ 时所需的能量，其中 θ_{trim} 为满足 $M_y(\theta_{trim}) = 0$ 的配平俯仰角，标准化的纵向动态能量稳定裕度如下：

$$S_{LDESM} = E_y/(mg\bar{c}) \tag{5-5}$$

其中，

$$
\begin{aligned}
E_y =&\, mg\,|\boldsymbol{R}|\left[\cos(\eta_0 - \eta) - \cos(\eta_0 - \theta)\right] - (T - D_{ele})\,a\,(\eta - \theta) \\
&- L_{ele}h_{ele}\,(\eta - \theta) + \int_\theta^\eta M_{Ty}(\theta)\,\mathrm{d}\theta
\end{aligned}
\tag{5-6}
$$

在静态阶段，无人机所受力和力矩满足

$$\begin{cases} \boldsymbol{F}_A^g + \boldsymbol{F}_B^g + \boldsymbol{G}^g + \boldsymbol{T}^g + \boldsymbol{F}_{aero}^g = 0 \\ (F_1 + F_2)\,h + (N_1 - N_2)\,a + \Delta M_y + M_{Ty} - L_{ele}\,(h - h_{ele}) = 0 \end{cases} \tag{5-7}$$

从而可得出地面支撑力为

$$\begin{cases} N_1 = \dfrac{1}{2}mg\left(\cos\theta_0 - \dfrac{h}{a}\sin\theta_0\right) \\ \qquad -\dfrac{1}{2}\,(T - D_{ele}) - \dfrac{1}{2a}\,(M_{Ty} + \Delta M_y + L_{ele}h) \\ N_2 = \dfrac{1}{2}mg\left(\cos\theta_0 + \dfrac{h}{a}\sin\theta_0\right) \\ \qquad -\dfrac{1}{2}\,(T - D_{ele}) + \dfrac{1}{2a}\,(M_{Ty} + \Delta M_y + L_{ele}h) \end{cases} \tag{5-8}$$

在垂直起飞时，若左侧起落架已经离地，则有

$$N_1 = 0, \quad N_2 > 0 \tag{5-9}$$

则由式 (5-8) 和式 (5-9)，此时的临界推力为

$$T_1\,(\theta_0) = mg\left(\cos\theta_0 - \dfrac{h}{a}\sin\theta_0\right) + D_{ele} - \dfrac{1}{a}\,(M_{Ty} + \Delta M_y + L_{ele}h) \tag{5-10}$$

若左侧起落架还未离开地面，则有

$$z_{og} = -\,|\boldsymbol{R}|\cos\,(\eta_0 + \theta - \theta_0) \tag{5-11}$$

若所有起落架都离开地面，则有

$$\ddot{z}_{og} < d^2\left[-\,|\boldsymbol{R}|\cos\,(\eta_0 + \theta - \theta_0)\right]/\mathrm{d}t^2 \tag{5-12}$$

结合式 (5-12) 和式 (5-2)，则另一临界推力为

$$T_2\,(\theta_0) = mg\cos\theta_0 + am\Delta M_y/I_{yy} \tag{5-13}$$

则起飞阶段推力需要满足

$$T_1 \leqslant T \leqslant T_2 \tag{5-14}$$

将式 (5-14) 和条件 $\theta > \theta_0$ 代入式 (5-4)，则有

$$M_y > - mg \left| \boldsymbol{R} \right| \sin \left(\eta_0 - \theta_0 \right) + T_1 \left| \boldsymbol{R} \right| \sin \eta_0 + \Delta M_y$$

$$= - mga \cos \left(\theta_0 \right) + mgh \sin \left(\theta_0 \right) + mgh \cos \theta_0 \qquad (5\text{-}15)$$

$$- mga \cos \left(\theta_0 \right) - \Delta M_y + \Delta M_y$$

$$= 0$$

根据动态稳定性的定义，显然在起飞阶段，尾坐式无人机在没有反馈控制的情况下是不稳定的。而在垂直降落阶段，其螺旋桨提供的推力小于重力，定义新的临界推力为

$$T_3 \left(\theta_1 \right) = T_1 \left(\theta_1 \right) \qquad (5\text{-}16)$$

其中，$\theta_1 = \max \left(\theta_0, \theta_{H \max} \right)$，$\theta_{H \max}$ 是最大的着陆俯仰角，其依赖于悬停阶段俯仰环的控制误差。如果实际推力小于上述临界值，则绕支撑转轴的俯仰力矩为

$$M_y \leqslant - mg \left| \boldsymbol{R} \right| \sin \left(\eta_0 - \theta_1 \right) + T_3 \left| \boldsymbol{R} \right| \sin \eta_0 + \Delta M_y$$

$$= - mga \cos \left(\theta_1 \right) + mgh \sin \left(\theta_1 \right) + mga \cos \theta_1 \qquad (5\text{-}17)$$

$$- mga \cos \left(\theta_1 \right) - \Delta M_y + \Delta M_y$$

$$= 0$$

根据式 (5-5)，此时的纵向动态能量稳定裕度为

$$S_{LDESM} = \left\{ \left| \boldsymbol{R} \right| / \bar{c} \left[\cos \left(\eta_0 - \eta \right) - \cos \left(\eta_0 - \theta \right) \right] - Ta \left(\eta - \theta \right) \right\} / \left(mg\bar{c} \right) \qquad (5\text{-}18)$$

尾坐式无人机在倾斜地面降落时的纵向动态能量稳定裕度如图 5.4 所示，从其中可以看出，在降落阶段，尾坐式无人机在没有闭环反馈控制时，若推力小于临界推力 $T_3 \left(\theta_1 \right)$，则系统是稳定的，并且推力越小，系统越稳定。

5.3.2　低摩擦地面时稳定性分析

无人机的起落架在低摩擦地面上可能会发生滑动，在静态阶段，其所受力和力矩平衡，满足如下方程：

$$\begin{cases} \left(F_1 + F_2 \right) h + \left(N_1 - N_2 \right) a + \Delta M_y + M_{Ty} - L_{ele} \left(h - h_{ele} \right) = 0 \\ - N_1 - N_2 + mg \cos \theta_0 - T + D_{ele} = 0 \\ F_1 + F_2 = \min \left\{ mg \sin \theta_0 + L_{ele}, \quad \mu \left(N_1 + N_2 \right) \right\} \end{cases} \qquad (5\text{-}19)$$

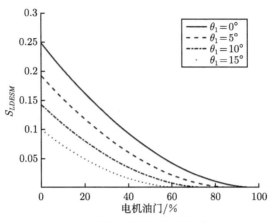

图 5.4 纵向动态能量稳定裕度图

从而可得出地面支撑力为

$$
\begin{cases}
N_1 = \dfrac{1}{2}mg\cos\theta_0 - \dfrac{1}{2}\left(T - D_{ele}\right) \\
\qquad - \dfrac{1}{2a}\left[M_{Ty} + \Delta M_y - L_{ele}\left(h - h_{ele}\right)\right] \\
\qquad - \dfrac{h}{2a}\min\left\{mg\sin\theta_0 + L_{ele},\ \mu\left(mg\cos\theta_0 - T + D_{ele}\right)\right\} \\
N_2 = \dfrac{1}{2}mg\cos\theta_0 - \dfrac{1}{2}\left(T - D_{ele}\right) \\
\qquad + \dfrac{1}{2a}\left[M_{Ty} + \Delta M_y - L_{ele}\left(h - h_{ele}\right)\right] \\
\qquad + \dfrac{h}{2a}\min\left\{mg\sin\theta_0 + L_{ele},\ \mu\left(mg\cos\theta_0 - T + D_{ele}\right)\right\}
\end{cases}
\tag{5-20}
$$

其临界推力可由式 (5-20) 结合 $N_1 = 0$ 计算得来。

为了计算地面支撑力和摩擦力，首先将无人机的推力和气动力矩解耦到 $C\text{-}xgzg$ 坐标系下为

$$
\begin{cases}
F_{xg\_aT} = \left(D_{ele} - T\right)\sin\left(\theta - \theta_0\right) - mg\sin\theta_0 - L_{ele}\cos\left(\theta - \theta_0\right) \\
F_{zg\_aT} = \left(D_{ele} - T\right)\cos\left(\theta - \theta_0\right) + mg\cos\theta_0 + L_{ele}\sin\left(\theta - \theta_0\right)
\end{cases}
\tag{5-21}
$$

忽略惯性力和力矩，则地面支撑力和摩擦力被表示为

$$
\begin{cases}
N_2 = F_{zg\_aT} \\
F_2 = -\min\left\{F_{xg\_aT},\ \mu N_2\right\}
\end{cases}
\tag{5-22}
$$

由图 5.2，绕转轴的俯仰力矩为

$$M_y' = M_y + (F_{xg\_aT} + F_2) \, |\boldsymbol{R}| \cos(\eta_0 + \theta - \theta_0) \tag{5-23}$$

若俯仰力矩为负，则改进的纵向动态能量稳定裕度在低摩擦地面为

$$S_{LDESM} = E_{modified,y} / (mg\bar{c}) \tag{5-24}$$

其中，

$$E_{modified,y} = mg \, |\boldsymbol{R}| \, [\cos(\eta_0 - \eta) - \cos(\eta_0 - \theta)] - Ta(\eta - \theta)$$
$$+ \int_\theta^\eta (F_{xg\_aT} + F_2) \, |\boldsymbol{R}| \cos(\eta_0 + \theta - \theta_0) \, \mathrm{d}\theta \tag{5-25}$$

如果地面接触点不发生滑动，则摩擦力 $F_2 = -F_{xg\_aT}$，此时稳定性结论与高摩擦时情况类似。但若发生滑动，则有如下不等式：

$$F_2 = -\mu N_2 > -F_{xg\_aT} \tag{5-26}$$

于是能得出，在相同的推力和俯仰角时，若系统在高摩擦地面稳定，则其也在低摩擦地面稳定。

5.4　闭环控制起降稳定性分析

尾坐式无人机的俯仰控制可由舵面和螺旋桨的推力矢量同时实现。针对舵面采用比例微分 (PD) 控制，可有

$$\delta = \left[k_\theta (\theta - \theta_{input}) + k_q \dot\theta \right] I_{yy} / \left[\bar{Q} S_\delta C_{L_\delta} (h - h_{ele}) \right] \tag{5-27}$$

将上式代入式 (5-2)，则有

$$\ddot\theta + k_q \dot\theta + k_\theta \theta = k_\theta \theta_{input} \tag{5-28}$$

针对推力矢量采用 PD 控制，又有

$$M_{Ty} = - \left[k_\theta (\theta - \theta_{input}) + k_q \dot\theta \right] I_{yy} \tag{5-29}$$

其闭环特性与式 (5-28) 相同。

下面将分别针对两种控制下的系统闭环稳定性展开讨论。

5.4.1 推力矢量控制时的稳定性分析

采用推力矢量控制时俯仰环的动力学方程为

$$
\left(I_{yy} + m\left|\boldsymbol{R}\right|^2\right)\ddot{\theta} = -mg\left|\boldsymbol{R}\right|\sin\left(\eta_0 - \theta\right) + T\left|\boldsymbol{R}\right|\sin\eta_0 + \Delta M_y
$$
$$
+ M_{Ty} + \left(F_{xg\_aT}^+ F_2\right)\left|\boldsymbol{R}\right|\cos\left(\eta_0 + \theta\right) \tag{5-30}
$$

由于气动控制力为 0，则无人机纵向受力为

$$
F_{xg\_aT} = -T\sin\left(\theta - \theta_0\right) - mg\sin\theta_0 \tag{5-31}
$$

可以分析得到，要使无人机在矢量控制下稳定，其控制器参数需要满足条件：

$$
k_q > 0
$$
$$
k_\theta > \max\left\{mg\left|\boldsymbol{R}\right|/I_{yy},\ \left(Ta + \Delta M_y\right)/\left(I_{yy}\eta_0\right)\right\} \tag{5-32}
$$

5.4.2 高摩擦地面有舵面反馈时的稳定性分析

高摩擦地面下，采用舵面控制时俯仰环的动力学方程为

$$
\left(I_{yy} + m\left|\boldsymbol{R}\right|^2\right)\ddot{\theta} = -mg\left|\boldsymbol{R}\right|\sin\left(\eta_0 - \theta\right) + T\left|\boldsymbol{R}\right|\sin\eta_0 + \Delta M_y + L_{ele}h_{ele} \tag{5-33}
$$

L_{ele} 的系数与式 (5-2) 中的系数恰好相反，起降阶段舵面后缘产生的俯仰力矩与悬停阶段相反。因此，尾坐式无人机在高摩擦地面上无法由舵面后缘稳定。

在降落阶段，尾坐式无人机应该由一个相对较小的推力实现垂直降落；在起飞阶段，如果推力增加得足够快，尾坐式无人机可以在侧倾之前达到悬停状态，若推力增加函数已知，则由式 (5-23) 可以解算得到起飞时的俯仰角。现假设该函数为线性的，即满足

$$
T\left(t\right) = \lambda t \tag{5-34}
$$

取控制系数 $k_q = 5, k_\theta = 6$，则可得到起飞俯仰角与推力增加函数的关系，如图 5.5 所示，可以看出，尾坐式无人机在舵面控制时需要选取合适的推力增加速率。

5.4.3 低摩擦地面有舵面反馈时的稳定性分析

低摩擦地面下，采用舵面控制时俯仰环的动力学方程为

$$
\left(I_{yy} + m\left|\boldsymbol{R}\right|^2\right)\ddot{\theta} = -mg\left|\boldsymbol{R}\right|\sin\left(\eta_0 - \theta\right) + T\left|\boldsymbol{R}\right|\sin\eta_0
$$
$$
+ \left(F_{xg\_aT} + F_2\right)\left|\boldsymbol{R}\right|\cos\left(\eta_0 + \theta\right) + \Delta M_y + L_{ele}h_{ele} \tag{5-35}
$$

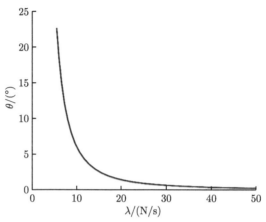

图 5.5　起飞俯仰角与推力增加函数的关系

如果起落架不发生滑动，则情况与高摩擦地面下类似。若产生滑动摩擦，则有俯仰环动力学方程变为

$$\left(I_{yy} + m\,|\boldsymbol{R}|^2\right)\ddot{\theta} = -\,mg\,|\boldsymbol{R}|\sin\left(\eta_0 - \theta\right) + T\,|\boldsymbol{R}|\sin\eta_0$$
$$+ \Delta M_y + \left[h_{ele} - |\boldsymbol{R}|\cos\left(\eta_0 + \theta\right)\cos\left(\theta - \theta_0\right)\right]L_{ele}$$
$$+ \left[-\,T\sin\left(\theta - \theta_0\right) - mg\sin\theta_0 + D_{ele}\sin\left(\theta - \theta_0\right)\right.$$
$$\left. + \mu N_2\right]|\boldsymbol{R}|\cos\left(\eta_0 + \theta\right)$$

(5-36)

与升力相比较，舵面带来的阻力要小很多，因此忽略。根据不等式

$$h_{ele} < |\boldsymbol{R}|\cos\left(\eta_0 + \theta\right)\cos\left(\theta - \theta_0\right)$$

(5-37)

可以看出，此时舵面控制的效果与悬停时类似，因此，可以设计反馈控制律使得俯仰环在平衡点达到稳定。

为了计算系统的平衡状态，考虑方程 (5-38)：

$$\begin{cases} 0 = \Delta M_y + M_{Ty} - L\left(h - h_{ele}\right) \\ \qquad - N_2 l\cos\left(\theta - \theta_0 + \eta_0\right) + F_2 l\sin\left(\theta - \theta_0 + \eta_0\right) \\ m\begin{pmatrix} \ddot{x}_{og} \\ 0 \end{pmatrix} = \begin{pmatrix} F_2 \\ -N_2 \end{pmatrix} + mg\begin{pmatrix} \cos\theta_0 \\ -\sin\theta_0 \end{pmatrix} \\ \qquad + \begin{pmatrix} \cos\left(\theta - \theta_0\right) & \sin\left(\theta - \theta_0\right) \\ -\sin\left(\theta - \theta_0\right) & \cos\left(\theta - \theta_0\right) \end{pmatrix}\begin{pmatrix} -L \\ D - T \end{pmatrix} \\ F_2 = -\operatorname{sgn}\left(\dot{x}_{og}\right)\mu N_2 \end{cases}$$

(5-38)

取 $k_q = 5$，$k_\theta = 6$，$\eta_0 = 0$，$\Delta M_y = 0.04 mg\bar{c}$，在不同的推力 T 和摩擦系数 μ 下计算配平状态如图 5.6 所示，对于一个固定的推力 T 和摩擦系数 μ，存在两个平衡的俯仰角，并且容易证明较小的一个为稳定的焦点而较大的为鞍点。

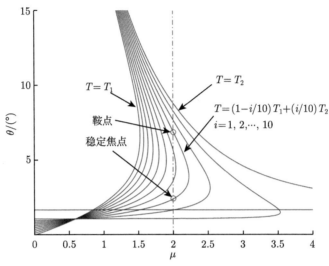

图 5.6　不同摩擦系数下的俯仰角平衡点

5.5　仿真及试验结果

为了达到更直观的理解，针对尾坐式无人机分别展开仿真和试验。

5.5.1　仿真结果

基于 MATLAB-Simulink，共开展了 5 组仿真，分别如下：

(1) $\mu = 1$，$T = 25\text{N}$，$a = 3$，$b = 2$；

(2) $\mu = 4$，$T = 25\text{N}$，$a = 3$，$b = 2$；

(3) $\mu = 4$，$\lambda = 4$，$T_{\max} = 26\text{N}$，$a = 3$，$b = 2$；

(4) $\mu = 4$，$\lambda = 4$，$T_{\max} = 26\text{N}$，一侧起落架离地时无反馈控制，悬停反馈控制 $a = 3$，$b = 2$；

(5) $\mu = 4$，$\lambda = 2$，$T_{\max} = 26\text{N}$，一侧起落架离地时无反馈控制，悬停反馈控制 $a = 3$，$b = 2$。

选择两组具有代表性的第 1 组 (图 5.7) 和第 4 组 (图 5.8) 结果如下。

图 5.7(a) 为推力曲线。图 5.7(b) 和 (d) 显示尾坐式无人机以恒定高度沿 x 轴方向飞行，俯仰角稳定在 0.67°，升降舵偏转角为 2°。图 5.7(e) 所示的地面摩擦力和支撑力显示无人机到达配平状态前，地面接触点在动摩擦和静摩擦之间切换。随着推力的增加，无人机将会离开地面并进入悬停状态。

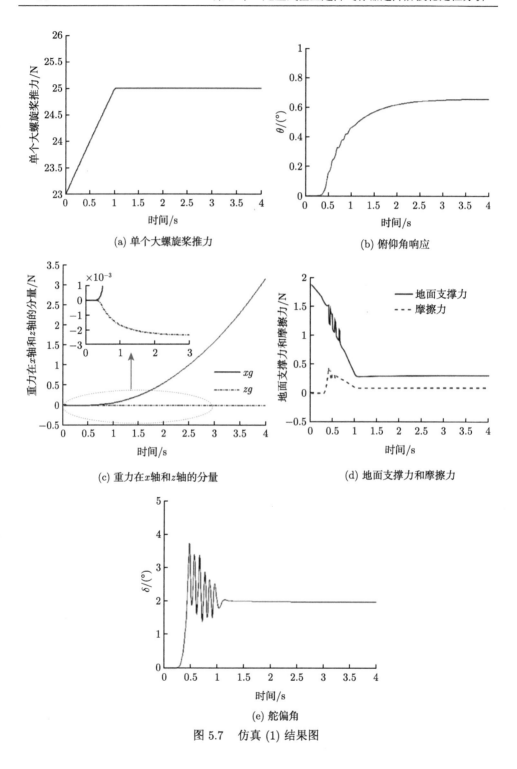

(a) 单个大螺旋桨推力

(b) 俯仰角响应

(c) 重力在x轴和z轴的分量

(d) 地面支撑力和摩擦力

(e) 舵偏角

图 5.7　仿真 (1) 结果图

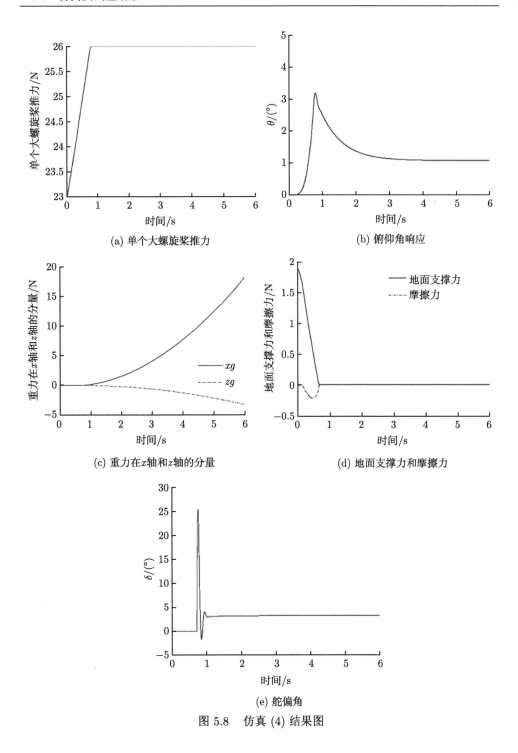

(a) 单个大螺旋桨推力

(b) 俯仰角响应

(c) 重力在 x 轴和 z 轴的分量

(d) 地面支撑力和摩擦力

(e) 舵偏角

图 5.8 仿真 (4) 结果图

　　一般来说，尾坐式无人机通常从平整的地面上起飞，降落在平坦或倾斜的高摩擦以及平坦的低摩擦地面上。除不平地形外，大多数平坦地面的摩擦系数都小于 1，以上计算和仿真涵盖了这些情况。尾坐式无人机的设计目的不是为了在大倾角的地面上着陆。对于倾角较小的平地，其稳定性结果与尾坐式无人机在平地上受俯仰力矩扰动时的稳定性结果相似。

5.5.2　试验结果

　　为了验证上述结果，针对尾坐式无人机，展开多次垂直起降试验。为获得一个 $0.04mg\bar{c}$ 俯仰力矩扰动，在无人机右侧起落架添加 260 g 重量，并分别采用舵面和推力矢量控制。试验过程中用人造草地来达到高摩擦的目的，并用木板来达到低摩擦的目的。总共开展如下四组试验：

　　(1) 无人机从人造草地起飞，采用舵面反馈控制，缓慢增加推力 (10N/s)；

　　(2) 无人机从人造草地起飞，采用舵面反馈控制，快速增加推力 (40N/s)；

　　(3) 无人机从木板起飞，采用舵面反馈控制，缓慢增加推力 (10N/s)；

　　(4) 无人机从人造草地起飞，采用推力矢量反馈控制，缓慢增加推力 (10N/s)。

　　图 5.9 展示了四项试验开展时的无人机状态，试验结果分别如图 5.10～图 5.13 所示。

图 5.9　试验时无人机状态

　　图 5.10(a) 为给定的油门指令，由图 5.10(b) 和 (c) 可知，在试验 (1) 中无人机绕右侧起落架倾转并发生侧翻，由图 5.10(d) 可以看出，舵面发生了饱和，无人机没有达到稳定状态，这与先前的分析结果一致。

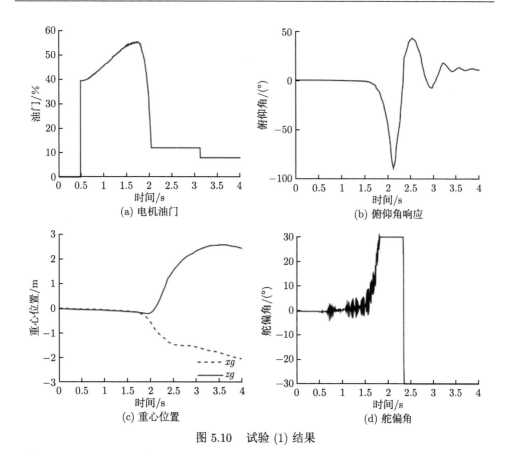

图 5.10 试验 (1) 结果

图 5.11(a) 为给定的油门指令, 由图 5.11(b) 和 (c) 可知, 在试验 (2) 中, 当快速增加推力时, 无人机从人造草地上顺利起飞, 由图 5.11(b) 和 (d) 可以看出, 起飞阶段舵面反馈控制将无人机的俯仰角稳定在了 24° 之内。对比试验 (1) 和 (2) 表明, 在合适的推力增加速率下, 无人机可以成功起飞。

图 5.12 (a) 为给定的油门指令, 由图 5.12(b) 和 (c) 可知, 在试验 (3) 中无人机从木板上成功起飞, 由图 5.12(b) 和 (d) 可以看出, 起飞阶段舵面反馈控制将无人机的俯仰角稳定在了 20° 之内。对比试验 (1) 和 (3) 表明, 在低摩擦地面时, 无人机可以成功起飞。

图 5.13 (a) 为给定的油门指令, 由图 5.13(b) 和 (c) 可知, 在试验 (4) 中无人机从人造草地上成功起飞, 由图 5.13(b) 和 (d) 可以看出, 起飞阶段舵面反馈控制将无人机的俯仰角稳定在了 17° 之内。对比试验 (1) 和 (4) 表明, 在高摩擦地面时, 无人机可以在推力矢量控制下成功起飞。

在试验 (2)、(3)、(4) 中, 尾坐式无人机的降落推力均设置得较小 (由图可见，约为重力的 69%），图 5.11～ 图 5.13 表明，无人机在后三次试验中都能成功降落。

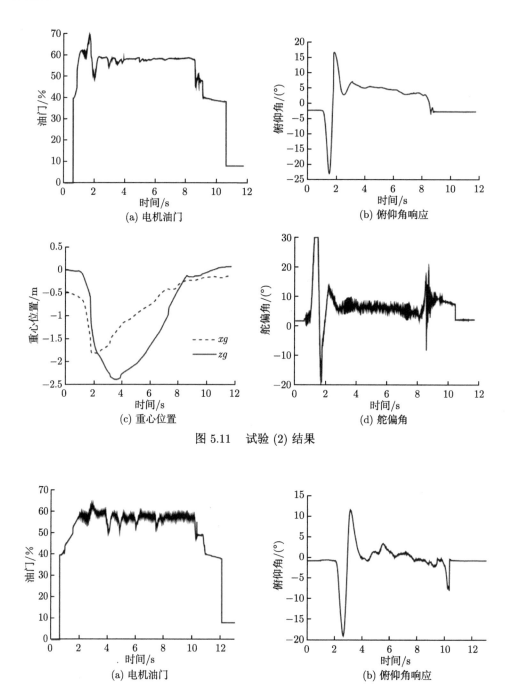

图 5.11　试验 (2) 结果

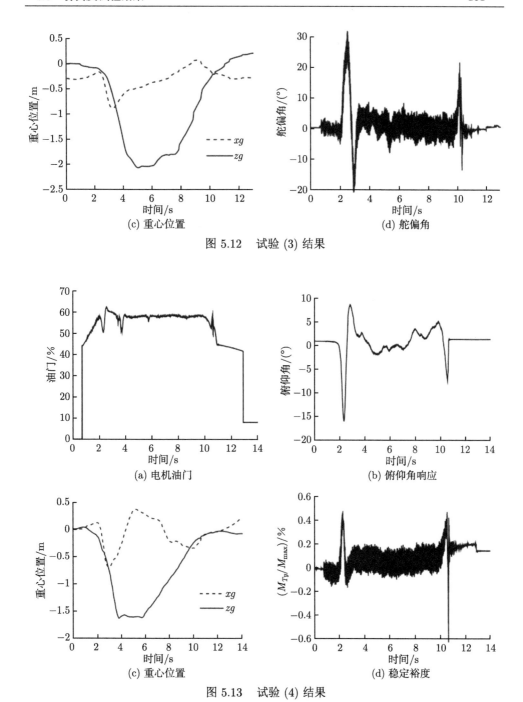

(c) 重心位置

(d) 舵偏角

图 5.12 试验 (3) 结果

(a) 电机油门

(b) 俯仰角响应

(c) 重心位置

(d) 稳定裕度

图 5.13 试验 (4) 结果

5.6　小　　结

　　尾坐式无人机垂直起飞模式分为三个阶段：起落架均在地面 (静态阶段)、一侧起落架离开地面 (起降阶段)、起落架全部离开地面 (悬停阶段)。本章对尾坐式飞行器起落架触地阶段的稳定性问题进行了分析。针对地面作用力对飞行器稳定性影响的规律，提出基于翻转能量的尾坐式飞行器稳定性裕度。在起落架触地阶段，垂直起降飞行器 (包括尾坐式飞行器、直升机、多旋翼飞行器等) 受到推力和起落架–地面作用力影响，时常出现飞行器失稳、翻转，由于尾坐式飞行器起落架宽度受限、控制能量相对较弱，因此稳定性问题更加突出。本章对起落架–地面作用力模型进行简化，提出基于飞行器翻转能量的稳定性判定方法和归一化稳定性裕度，该方法可以表征执行器操纵、降落阶段水平速度，以及推力分量等主要因素的影响，基于此可得出垂直起降飞行器起落架触地阶段稳定性规律，为飞行器稳定控制器设计提出依据。

第 6 章　尾坐式垂直起降飞行器飞推综合控制

6.1　引　　言

尾坐式飞行器起降过程中，由于飞行速度较低、迎风面积大导致容易受到侧风等外部干扰的影响，且飞行器姿态与水平 (竖直) 方向速度、执行器操纵能量与飞行器状态均存在耦合，再加上难以建立完全准确的起降模型，故而需要控制器对各种不确定性和外部扰动具有很强的鲁棒性。其次由于尾坐式飞行器执行器带宽有限、总控制能量受限，且低速飞行状态为临界稳定或不稳定系统，为了实现尾坐式飞行器强侧风条件下起降控制，需要研究耦合系统控制规律，以及飞行模式转换过程、强风条件下的控制策略。本章结构安排如下：6.2 节针对尾坐式垂直起降飞行器控制特征，提出基于特征模型与动态逆的鲁棒飞行控制方法；6.3 节提出尾坐式垂直起降飞行器在飞行模式转换过程和强风条件下的控制策略；6.4 节给出了尾坐式垂直起降飞行器飞行试验结果；6.5 节对本章进行小结。

6.2　基于特征模型与动态逆的鲁棒飞行控制方法

基于特征模型与动态逆的鲁棒自适应飞行控制器基本结构 (如图 6.1 所示) 原理如下：①利用无人机耦合模型搭建数据库，通过模型逆将无人机非线性耦合项抵消；②设计基于特征模型的鲁棒自适应控制器，使得无人机在全飞行包线内具有较好的鲁棒性；③提出无人机多执行器控制分配方法，使无人机执行器系统满足自适应控制器和模型逆操纵力及力矩的需求。图中 x_{ref} 为无人机状态，y 为输出，u_i 为执行器输出值，$\hat{x}$ 和 $\hat{d}$ 分别为观测器估计状态与扰动估计值。

将基于特征模型的自适应控制器应用于无人机飞行控制，需要解决执行器饱和、常值扰动等问题。以俯仰通道为例：

$$I_{yy}\ddot{\theta} = M_{aero} + M_{inertial} + QSC_{m\delta_e}\delta_e \tag{6-1}$$

其中，M_{aero} 和 $M_{inertial}$ 分别为气动俯仰力矩和惯性耦合俯仰力矩，I_{yy} 为飞行器惯性参数，Q 为飞行动压，S 为机翼参考面积，$C_{m\delta_e}$ 为升降舵俯仰力矩系数，δ_e 为升降舵偏转角。

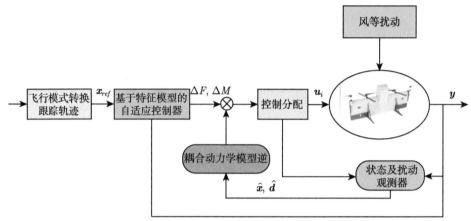

图 6.1　基于特征模型与动态逆的鲁棒自适应飞行控制器原理框图

上式可简化为

$$\ddot{\theta} = \Delta + a\delta_e \tag{6-2}$$

式中，$\Delta = (M_{aero} + M_{inertial})/I_{yy}$，$a = QSC_{m\delta_e}/I_{yy}$，二者均可通过气动力参数及飞行状态获得，但由于建模误差的存在，其计算数值与真实值往往存在偏差。本书研究过程中将 Δ 视为与状态无关的慢变扰动，将 a 视为存在建模误差的常值，而舵面偏转角为存在速率、位置饱和约束的控制变量，这样就将一个复杂的问题转化为一个传统的积分控制问题。

为了提高控制器的鲁棒性，提出将平方根控制律与自适应控制器相结合的方案，控制器结构如图 6.2 所示。为了验证控制方法的鲁棒性，设计具有常值扰动与正弦扰动结合的输入扰动，如图 6.3 所示，同时将系统参数 a 的误差设置为 4 倍，此时跟踪效果如图 6.4 所示，图 6.5 为控制器输入，闭环系统跟踪较好，通过平方根控制律避免了控制器饱和问题。

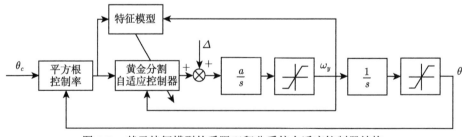

图 6.2　基于特征模型的受限双积分系统自适应控制器结构

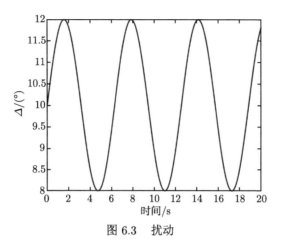

图 6.3 扰动

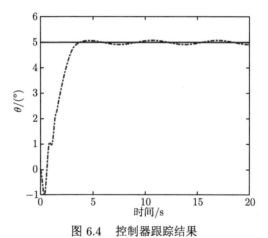

图 6.4 控制器跟踪结果

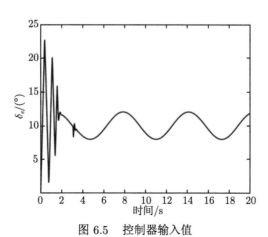

图 6.5 控制器输入值

6.3　尾坐式垂直起降飞行器控制策略

由于翼载荷、推重比、桨盘载荷等特征参数的差异，大、中型尾坐式飞行器的模态转换过程与小型垂直起降无人机存在较大差别。

当前小型垂直起降无人机基于不同的任务需求和环境约束，存在多种飞行模态转换控制策略。

(1) 最小高度变化策略：在高度受限的空间中，尾坐式无人机飞行模态转换控制策略设计需要在飞行高度的约束下进行。一种极端策略是最小高度变化切换策略。如图 6.6 所示，在该策略中前向速度完全由发动机推力产生，切换过程中无人机高度基本保持不变。该策略的缺点是需经过大迎角飞行状态，复杂非线性与气动特性对控制器的性能提出了严峻挑战，飞行模式切换时间较长。

图 6.6　尾坐式无人机最小高度变化策略

(2) 最小控制能量策略：假设无人机已经处于一定高度，在最小控制能量策略中，无人机通过势能到动能的转换完成飞行模式的切换。如图 6.7 所示，在切换初期无人机迅速调整姿态，使机头朝下，随着飞行器速度的提升逐渐增大俯仰角完成飞行模式切换。

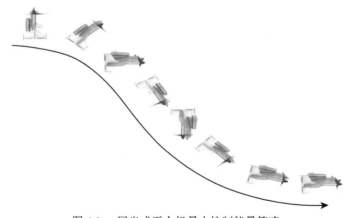

图 6.7　尾坐式无人机最小控制能量策略

(3) 最优飞行迎角策略：为了避免飞行模态转换中经过大迎角飞行状态，可采用最优飞行迎角策略。如图 6.8 所示，在该策略中飞行器首先增大油门，在获得一定上升速度后，逐渐拉平俯仰角完成飞行模态转换。切换完成后无人机高度较初始时增大。

图 6.8　尾坐式无人机最优飞行迎角策略

6.3.1　尾坐式垂直起降飞行器飞行模式转换控制策略

本节采用的控制策略旨在满足以下要求：

(1) 飞行模式转换时间短，转换过程中飞行器不掉高；

(2) 转换过程中无人机姿态可控，飞行品质满足规范要求；

(3) 无人机在预定地点零速着陆。

为了满足以上要求，首先确定垂直起降飞行器控制能力。无人机从悬停到平飞的过程中，需要增大前向速度和迎角以得到足够的空气动力升力，在此过程中还要保证飞行器按一定航迹倾斜角飞行，其典型情况就是保持平飞，因此，根据飞行器模型计算在不同状态下，在保持垂直加速度 $\dot{V}_{zg}$ 为 0 时，确定对水平加速度 $\dot{V}_{xg}$ 和俯仰角加速度 $\dot{q}$ 的控制能力范围。图 6.9 为针对某垂直起降无人机计算得到的四个状态下的控制能力范围，图 6.10 为不同 V_{xg} 和 n 时保持平飞可用的水平加速度。

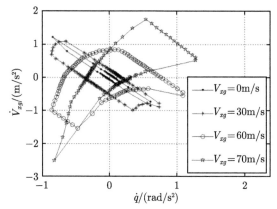

图 6.9　垂直起降无人机不同状态下的控制能力范围

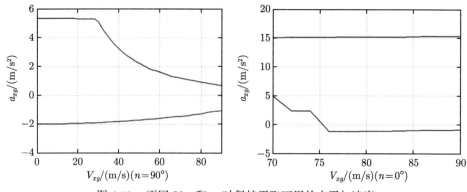

图 6.10 不同 V_{xg} 和 n 时保持平飞可用的水平加速度

为了保证飞行模式转换过程中，垂直起降飞行器处于可控范围内，本节先设计了无人机跟踪指令限制范围，基本区域如图 6.11 所示。在小飞行速度区间，限制其最大竖直飞行速度，防止出现推力饱和；在飞行模式转换阶段，限制其爬升角，防止无人机失速。

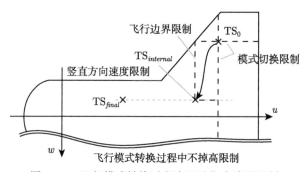

图 6.11 飞行模式转换过程中跟随指令边界限制

6.3.2 尾坐式垂直起降飞行器抗风控制策略

典型倾转机翼飞行器桨盘载荷为 $50 \mathrm{kg/m^2}$ 左右，尾坐式飞行器与倾转机翼飞行器布局较为接近，因此具有相接近的桨盘载荷。根据动量理论，在悬停状态，尾坐式飞行器螺旋桨滑流速度近似为

$$v_{silp} = \sqrt{T/(2\rho A)} \tag{6-3}$$

因此，滑流流速在 $14 \mathrm{m/s}$。

当风力小于四级 (风速小于 $7.5 \mathrm{m/s}$) 时，考虑到尾坐式飞行器的倾斜，此时复合流场的等效迎角较小 ($<25°$)，虽然机翼表面滑流已部分分离，但是气动力作用点仍然接近 $1/4$ 弦线，产生的俯仰力矩扰动有限，采用螺旋桨推力矢量及气动舵面可以完成飞行器的纵向配平，因此飞行器可以采用正对来风的姿态起降。

当风力大于四级 (风速大于 7.5m/s) 时，机翼表面滑流逐渐分离，气动力作用点接近 1/2 弦线，产生诱导俯仰力矩较大，采用螺旋桨推力矢量及气动舵面难以完成飞行器的纵向配平。本节采用的控制策略思路是：首先对风扰动进行预测，然后调整机体朝向，使侧风作用在机体侧面从而减少风扰动作用面积，如图 6.12 所示。当风扰动作用在机体侧面时，左右螺旋差动提供的控制力矩比侧风正面作用在机体时升降副翼产生的控制力矩大，能够有效抵抗侧风，为无人机稳定起降和垂飞到平飞的平稳切换奠定基础。

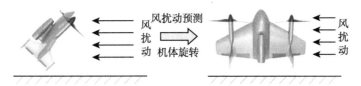

图 6.12　尾坐式飞行器垂飞抗风控制策略

大、中型尾坐式垂直起降无人机需要在行驶的舰船及强侧风条件下着陆，因此飞行模式转换控制也要考虑风的影响。

图 6.13(a) 为存在侧风情况下的无人机，当无人机从左往右巡航飞行时，对地轨迹始终保持直线，无人机空速与机体指向一致 (0 侧滑)；开始飞行模式转换后，需要逐步调整航向角并降低飞行速度，如图 6.13(b)~(d) 所示，直至无人机机头指向风的方向，无人机空速等于风速，此时相对地面的速度为 0，如图 6.13(e) 所示。该控制策略使得倾转旋翼无人机满足定点零速着陆要求。

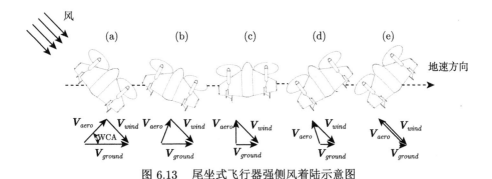

图 6.13　尾坐式飞行器强侧风着陆示意图

6.4　尾坐式垂直起降飞行器飞行试验

为了验证本章所提出控制方法，采用第 2 章所述 THU-TS005 尾坐式垂直起降无人机进行飞行试验。在飞行试验中，对以下内容进行了验证：

(1) 完成垂直起飞、悬停、低速前飞与飞行模式转换试验；

(2) 无人机可实现悬停/巡航自主切换。

在缩比原理验证机飞行试验中，通过机载 GPS 实时记录飞行器在地面、空中的位置、时间、速度等信息，对试验过程进行实时监控。

6.4.1　无人机低速前飞试验

图 6.14 为低速前飞状态的 THU-TS005 尾坐式无人机。图 6.15 为无人验证机俯仰角跟踪和滚转角跟踪响应曲线、低速前飞速度曲线，此时采用垂直机体坐标系。图 6.15(a) 中显示俯仰姿态跟踪误差较小，无人机低速前飞速度达到了 6m/s，如图 6.15(c) 所示。图 6.16 为无人验证机低速前飞时四个电机的油门值 (PWM 值)、舵机的 PWM 值和舵面偏转角，电机的差速与两侧气动舵面组合如图 6.16(b) 所示，共同控制飞行器的俯仰运动。

图 6.14　THU-TS005 尾坐式无人机低速前飞飞行试验照片

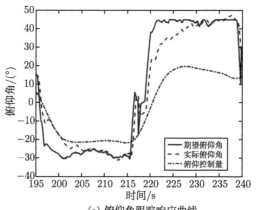

(a) 俯仰角跟踪响应曲线

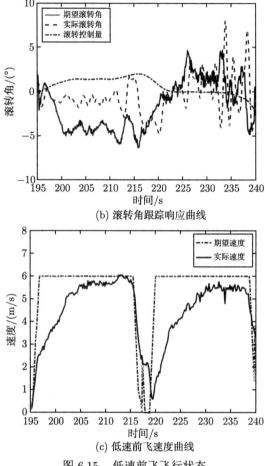

(b) 滚转角跟踪响应曲线

(c) 低速前飞速度曲线

图 6.15 低速前飞飞行状态

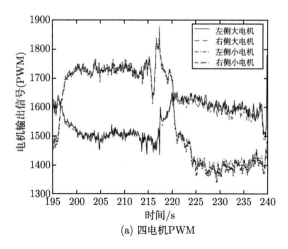

(a) 四电机PWM

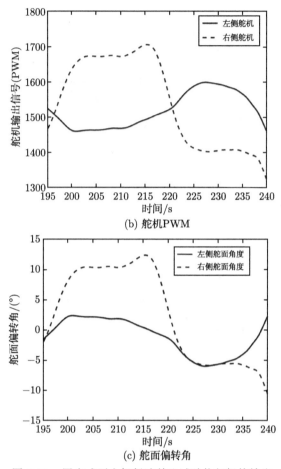

(b) 舵机PWM

(c) 舵面偏转角

图 6.16　尾坐式无人机低速前飞试验执行机构输出

6.4.2　尾坐式无人机悬停转水平飞行试验

图 6.17 为水平飞行状态的尾坐式无人机。图 6.18 为无人验证机俯仰角跟踪和滚转角跟踪响应曲线、悬停转平飞速度曲线，此时采用垂直机体坐标系。由图 6.18(a) 可以看出，无人机由机体竖直状态逐渐转平，当到达 −80° 时 (或按水平机体坐标系描述即为 +10° 时)，飞行器切换进入平飞模式。可以看出，俯仰角跟踪良好，静差较小，整个转换在 5s 之内完成。对于滚转方向，转换过程中滚转角差值在 2° 左右，转换结果如图 6.18(b) 所示。从图 6.18(c) 中可以看出，在转换过程中实际速度从 4m/s 逐渐达到 16m/s，完成悬停到平飞的自主切换。图 6.19 所示为悬停转平飞的电机与舵机输出，由图 6.19(a) 和图 6.19(b)，转换过程中电机和舵面共同作用保证了充足的俯仰力矩。

图 6.17 THU-TS005 尾坐式无人机水平飞行状态照片

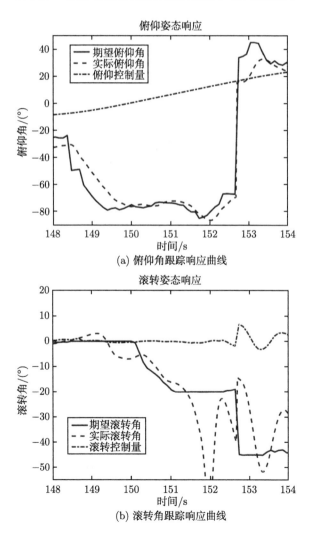

(a) 俯仰角跟踪响应曲线

(b) 滚转角跟踪响应曲线

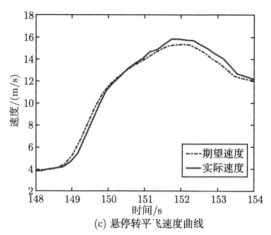

(c) 悬停转平飞速度曲线

图 6.18　无人验证机悬停转平飞飞行状态

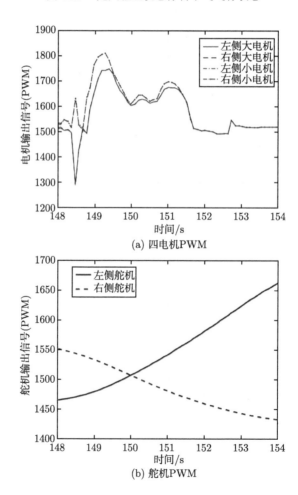

(a) 四电机PWM

(b) 舵机PWM

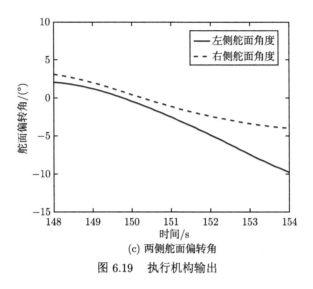

(c) 两侧舵面偏转角

图 6.19 执行机构输出

6.4.3 尾坐式无人机平飞转悬停飞行试验

图 6.20 为无人验证机俯仰角跟踪和滚转角跟踪响应曲线、平飞转悬停速度曲线，此时采用垂直机体坐标系。由图 6.20(a) 可以看出，无人机由机体水平状态逐渐转为垂直状态，当到达 0° 时 (按垂直机体坐标系描述)，飞行器切换进入悬停模式。可以看出，俯仰角从 −90° 逐渐转换到 0°，整个转换在 3s 之内完成。对于滚转方向，转换过程中设定期望值为 0°，静差较小，转换结果如图 6.20(b) 所示。从图 6.20(c) 中可以看出，实际速度从 18m/s 逐渐降到接近 0m/s，完成平飞到悬停的自主切换。图 6.21 所示为平飞转悬停的电机与舵机输出，由图 6.21(a)和图 6.21(b)，转换过程中电机和舵面共同作用保证了充足的俯仰力矩。

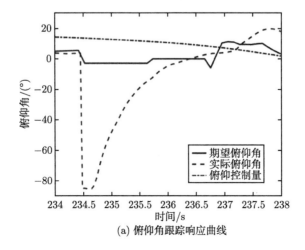

(a) 俯仰角跟踪响应曲线

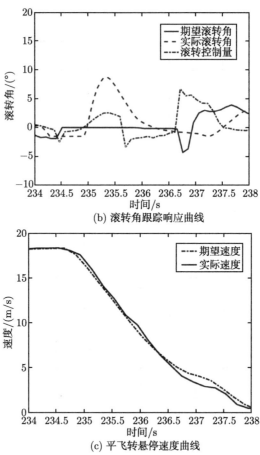

(b) 滚转角跟踪响应曲线

(c) 平飞转悬停速度曲线

图 6.20　平飞转悬停飞行状态

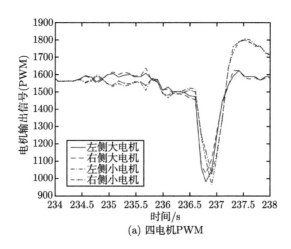

(a) 四电机PWM

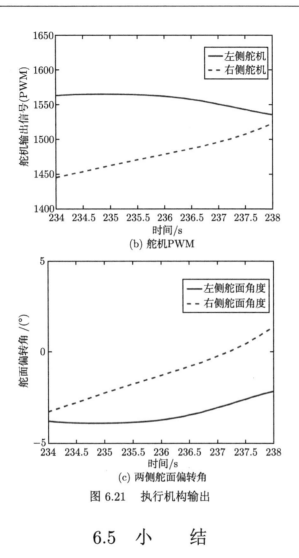

图 6.21 执行机构输出

6.5 小 结

本章针对尾坐式飞行器强耦合、动态干扰及输出噪声等问题，提出了基于特征模型与动态逆的鲁棒自适应飞行控制器，研究了存在执行器饱和及外部扰动条件下的鲁棒自适应控制方法。针对尾坐式飞行器操控特点，设计了飞行模式转换策略与抗风策略以提高尾坐式飞行器的飞行品质。利用自研小型尾坐式原理验证机开展了悬停、低速前飞及飞行模式转换试验，完成了无人机悬停/巡航自主切换，试验结果验证了控制方法的有效性。

第 7 章 总结与展望

7.1 总 结

垂直起降固定翼飞行器是一类具有广泛应用前景的飞行器,在垂直或短距起降飞行模式,该类飞行器本体动力学与动力系统存在强耦合关系;此外,作为垂直起降飞行器在垂直起降阶段与巡航阶段存在功率需求差异过大的问题,且推进系统被飞行控制系统用作姿态控制执行器,因此飞推综合设计、建模及控制是发展垂直起降飞行器的基础。本书以混合动力尾坐式垂直起降飞行器为研究对象,针对其本体耦合动力学建模及控制问题和其混合动力电推进系统的综合优化设计问题,开展了以下研究工作:

(1) 针对尾坐式飞行器起降阶段滑流–来流–机体耦合动力学模型表征问题,本书提出利用复合流场迎角、复合速度、迎角变化率作为特征参数,通过无滑流区迎角/来速度模型、滑流区复合迎角/复合速度模型和耦合项三项叠加,获得维度低、物理意义明确的表征模型。在起落架触地阶段,垂直起降飞行器受到推力和起落架–地面作用力影响,时常出现飞行器失稳、翻转,由于尾坐式飞行器起落架宽度受限、控制能量相对较弱,因此稳定性问题更加突出。本书构建了尾坐式无人机起落架触地阶段动力学模型,提出基于飞行器翻转能量的稳定性判定方法以及归一化稳定性裕度,基于此可得出垂直起降飞行器起落架触地阶段稳定性规律,为飞行器稳定控制器设计提出依据。

(2) 针对尾坐式飞行器强耦合、动态干扰及输出噪声等问题,本书提出了基于特征模型与动态逆的鲁棒自适应飞行控制器,研究了存在执行器饱和及外部扰动条件下的鲁棒自适应控制方法。针对尾坐式飞行器操控特点,本书设计了飞行模式转换策略与抗风策略以提高尾坐式飞行器的飞行品质。利用自研小型尾坐式原理验证机开展了悬停、低速前飞及飞行模式转换试验,完成了无人机悬停/巡航自主切换,试验结果验证了控制方法的有效性。

(3) 针对垂直起降固定翼飞行器在起降阶段和巡航阶段存在功率需求差异大,且推进系统对重量要求苛刻的问题,本书采用混合动力系统作为解决方案。本书介绍了几种典型的混合动力系统架构,并给出了推进系统的设计要求;随后给出了垂直起降固定翼飞行器典型任务剖面,以及各飞行阶段推进功率需求;基于统计数据搭建了混合动力系统电动机等重要组件的重量、效率模型;在此基础上提出了垂直起降飞行器混合动力系统优化设计方法。

(4) 针对混合动力尾坐式飞行器飞推综合优化设计问题，本书研究了尾坐式飞行器在分别采用纯电动和串联混合推进系统构型时航时和航程的表达；以巡航空速比和起飞重量的形式推导出了飞行器达到最佳航时和最佳航程的条件；分析了串联混合动力系统中发电系统与电池组的替换关系；最后以原理验证机为设计平台，通过数值模拟验证了设计方法和最优设计结果。试验结果验证了优化设计方法的有效性。

(5) 针对电动螺旋桨系统在多种工况下的设计要求矛盾以及各部件的特性之间强耦合，随工况的转换产生明显变化的问题，本书通过分析电动变距螺旋桨的气动载荷产生机理，建立了电动螺旋桨气动模型表征方法，提取电动螺旋桨气动设计以及电动机设计关键参数，建立了变距螺旋桨–电动机耦合模型，并采用随机优化算法 (如遗传算法) 对多个设计变量进行迭代，从而提出了电动螺旋桨推进系统协同优化设计方法，最终完成电动螺旋桨推进系统的优化设计。

7.2 展　望

本书针对混合动力垂直起降飞行器发展需求，以尾坐式飞行器为对象，给出了飞推耦合模型、混合动力系统优化设计、稳定性分析、鲁棒飞行控制和控制策略等相关理论及方法。鉴于混合动力垂直起降飞行器还在不断发展之中，仍有很多问题需要深入研究：

(1) 混合动力垂直起降飞行器多学科模型。高精度模型是开展正向研发的必要工具，由于混合动力垂直起降飞行器设计和集成涉及多个部件，且部件之间存在紧耦合关系。建立混合动力飞行器系统、混合动力部件高精度模型，搭建功能级模型、元件级模型、基于方程的运行模型和自定义代码级模型，形成基于多层级模型的系统优化设计分析方法。

(2) 能源管理及热管理技术。能源管理系统利用机载发电系统和储能模块的不同特性，让各动力源工作在高效区域，将供电系统和推进系统紧密地联系在一起，需要制定合理的能量管理架构和策略，以使由多个能量单元构成的混合动力系统稳定、可靠、高效地工作。能源管理系统对电池组充放电和均衡的管理，具有电池监控、控制和保护等功能，能够实现多节机载电池的均衡充放电。依据不同工作模式，实时计算不同动力源应输出的功率，从而合理地调配混合动力系统中的发动机、电池组和电动机运行工况，动态分配多种能量源输出功率，以此来实现整个系统的高效运行。

(3) 垂直起降飞行器飞行模式转换阶段飞行品质规范及控制设计准则。垂直起降飞行器具有区别于旋翼飞行器及固定翼飞行器的飞行模式，即飞行模式转换阶段，该阶段控制问题复杂，除了传统的响应速率及阻尼特性外，还需对飞行器的可控性、状态可达性等指标进行规范，保证垂直起降飞行器高效、可靠飞行，因此需要研究针对该阶段的飞行品质规范，提出相应的控制器设计准则，并通过仿真及试验验证实用性。

(4) 垂直起降飞行器抗扰控制问题。垂直起降飞行器起降阶段受风等扰动影响大，产生较大的阻力和俯仰力矩常值扰动及动态干扰。需要深入研究考虑机载传感器、执行器带宽和控制能量特性的抗干扰控制方法，以及稳定性结论。为满足未来工程应用需求，需要开展深入的飞行试验验证与优化工作。

参 考 文 献

[1] Sikorsky VTOL X-Plane Rotor Blown Wing[EB/OL]. https://www.globalsecurity.org/military/systems/aircraft/vtol-rbw.htm [2022-02-05].

[2] 申超, 张宁, 张翼麟, 等. 燕鸥——美国非航母主力战舰上的捕食者级垂直起降无人机 [J]. 飞航导弹, 2017, (1): 34-38,84.

[3] VD200 Vertical Takeoff Landing UAV System[EB/OL]. http://chinesemilitaryreview.blogspot.com/2014/11 /vd200-vertical-takeoff-landing-uav.html [2022-02-05].

[4] 宋先豪. 新品——希德电子 "朱雀" 无人机加强国防建设 [EB/OL]. https://m.youuav.com/news/detail/201808/24453.html [2022-02-06].

[5] 陈刚, 贾玉红, 马东立, 等. 垂直起降固定翼无人机串联混电系统优化设计 [J]. 北京航空航天大学学报, 2021, 47(4):742-753.

[6] 段辰龙, 李岩, 徐悦, 等. 电动飞机发展关键技术与总体性能关联性分析 [J]. 飞行力学, 2021, 39(2):39-44.

[7] 黄俊, 杨凤田. 新能源电动飞机发展与挑战 [J]. 航空学报, 2016, 37(1):57-68.

[8] Sahoo S, Zhao X, Kyprianidis K. A review of concepts, benefits, and challenges for future electrical propulsion-based aircraft[J]. Aerospace, 2020, 7(4): 44.

[9] 岳凤玉, 雍成优, 吴浩正, 等. 倾转多旋翼飞行器结构布局及其转换控制技术综述 [J]. 自动化应用, 2019, (5):1-4,10.

[10] Boggero L, Fioriti M, Corpino S. Development of a new conceptual design methodology for parallel hybrid aircraft[J]. Proceedings of the Institution of Mechanical Engineers, Part G: Journal of Aerospace Engineering, 2017, 233(3): 1047-1058.

[11] Hung J Y, Gonzalez L F. On parallel hybrid-electric propulsion system for unmanned aerial vehicles[J]. Progress in Aerospace Sciences, 2012, 51(May):1-17.

[12] National Academies of Sciences, Engineering, and Medicine. Commercial Aircraft Propulsion and Energy Systems Research: Reducing Global Carbon Emissions[M]. Washington, D.C.: National Academies Press, 2016.

[13] Vries R D , Hoogreef M , Vos R . Preliminary sizing of a hybrid-electric passenger aircraft featuring over-the-wing distributed-propulsion[C]. AIAA Scitech 2019 Forum, 2019.

[14] Boggero L , Fioriti M , Corpino S . Development of a new conceptual design methodology for parallel hybrid aircraft[J]. Proceedings of the Institution of Mechanical Engineers Part G Journal of Aerospace Engineering, 2017:095441001774556.

[15] Finger D F. Comparative performance and benefit assessment of VTOL and CTOL UAVs[J]. Deutscher Luft-und Raumfahrtkongress (DLRK), 2016.

[16] Sliwinski J, Gardi A, Marino M, et al. Hybrid-electric propulsion integration in unmanned aircraft[J]. Energy, 2017, 140(pt.2):1407-1416.

[17] Friedrich C, Robertson P A. Hybrid-electric propulsion for aircraft[J]. Journal of Aircraft, 2015, 52(1):176-189.

[18] Finger D F, Bil C, Braun C. Initial sizing methodology for hybrid-electric general aviation aircraft[J]. Journal of Aircraft, 2019, 57(2):1-11.

[19] de Vries R, Brown M, Vos R. Preliminary sizing method for hybrid-electric distributed-propulsion aircraft[J]. Journal of Aircraft, 2019, 56(6):2172-2188.

[20] Bryson D E, Marks C R, Miller R M, et al. Multidisciplinary design optimization of quiet, hybrid-electric small unmanned aerial systems[J]. Journal of Aircraft, 2016, 53(6):1-5.

[21] Ng W, Datta A. Hydrogen fuel cells and batteries for electric-vertical takeoff and landing aircraft[J]. Journal of Aircraft, 2019, 56(5):1765-1782.

[22] Harmon F G, Frank A A, Chattot J J. Conceptual design and simulation of a small hybrid-electric unmanned aerial vehicle[J]. Journal of Aircraft, 2006, 43(5):1490-1498.

[23] Ausserer J, Harmon F. Integration, validation, and testing of a hybrid-electric propulsion system for a small remotely piloted aircraft[C]. International Energy Conversion Engineering Conference, Atlanta, 2012.

[24] Schömann J. Hybrid-electric propulsion systems for small unmanned aircraft[D]. München: Technische Universität München, 2014.

[25] Finger D F, Gtten F, Braun C, et al. Initial sizing for a family of hybrid-electric VTOL general aviation aircraft [C]. Deutscher Luft-und Raumfahrtkongress (DLRK), 2018.

[26] Beyne E, Castro S G P. Preliminary performance assessment of a long-range eVTOL aircraft [C]. American Institute of Aeronautics and Astronautics, 2022.

[27] Chakraborty I, Miller N S, Mishra A A. Sizing and analysis of a tilt-wing aircraft with all-electric and hybrid-electric propulsion systems [C]. AIAA Science and Technology Forum and Exposition, 2022.

[28] Opener | Home[EB/OL]. https://www.opener.aero/ [2021-08-30].

[29] Saengphet W, Thumthae C. Conceptual design of fixed wing-VTOL UAV for AED transport [C]. The 7th TSME International Conference on Mechanical Engineering, 2016.

[30] Zhang H, Song B, Li F, et al. Multidisciplinary design optimization of an electric propulsion system of a hybrid UAV considering wind disturbance rejection capability in the quadrotor mode[J]. Aerospace Science and Technology, 2021.

[31] McVeigh M A, Rosenstein H J, McHugh F J. Aerodynamic design of the XV-15 advanced composite tilt rotor blade[C]. 39th Annual Forum of the American Helicopter Society International, Saint Louis, 1983: 72-80.

[32] Paisley D J, Company B V. Rotor aerodynamic optimization for high speed tiltrotors[C]. 43rd Annual Forum of the American Helicopter Society, Saint Louis, 1987, 1: 301-310.

[33] Liu J, Paisley D, Hirsh J. Tiltrotor aerodynamic blade design by numerical optimization method[C]. American Helicopter Society International Annual Forum, 1990: 557-567.

[34] Alli P, Erica: The european tilt-rotor design and critical technology projects[R]. AIAA, 2003.

[35] Droandi G, Gibertini G. Aerodynamic shape optimisation of a proprotor and its validation

by means of CFD and experiments[J]. The Aeronautical Journal, 2016, 119(1220): 1223-1251.

[36]   Acubed. Vahana configuration trade study—Part II[EB/OL]. https://acubed.airbus.com/blog/vahanal/vahana-configuration-trade-study-part-ii/ [2021-06-09].

[37]   Gur O, Lazar G. Prop-rotor design for an electric tilt-rotor vehicle[C]. American Helicopter Society, Future Vertical Lift Aircraft Design Conference, 2012.

[38]   Myrand-Lapierre V, Desbiens A, Gagnon E, et al. Transitions between level flight and hovering for a fixed-wing mini aerial vehicle[C]. American Control Conference, 2010: 530-535.

[39]   Stone R H, Anderson P, Hutchison C, et al. Flight testing of the T-wing tail-sitter unmanned air vehicle[J]. Journal of Aircraft, 2008, 45(2): 673-685.

[40]   Oosedo A, Abiko S, Konno A, et al. Optimal transition from hovering to level-flight of a quadrotor tail-sitter UAV[J]. Autonomous Robots, 2017, 41(5): 1143-1159.

[41]   Jung Y, Cho S, Shim D H. A comprehensive flight control design and experiment of a tail-sitter UAV[C]. AIAA Guidance, Navigation, and Control (GNC) Conference, 2013: 4992.

[42]   Zhang D, Chen Z, Xi L, et al. Transitional flight of tail-sitter unmanned aerial vehicle based on multiple-model adaptive control[J]. Journal of Aircraft, 2018, 55(1): 390-395.

[43]   Wang X, Chen Z, Yuan Z. Modeling and control of an agile tail-sitter aircraft[J]. Journal of the Franklin Institute, 2015, 352(12): 5437-5472.

[44]   Ke Y, Wang K, Chen B M. Design and implementation of a hybrid UAV with model-based flight capabilities[J]. IEEE-ASME Transactions on Mechatronics, 2018, 23(3): 1114-1125.

[45]   Rothhaar P M, Murphy P C, Bacon B J, et al. NASA Langley distributed propulsion VTOL tiltwing aircraft testing, modeling, simulation, control, and flight test development[C]. AIAA Aviation Technology, Intergration, and Operation Conference, 2014: 2999.

[46]   Lyu X, Gu H, Wang Y, et al. Design and implementation of a quadrotor tail-sitter VTOL UAV[C]. IEEE International Conference on Robotics & Automation, 2017: 3924-3930.

[47]   Lyu X, Zhou J, Gu H, et al. Disturbance observer based hovering control of quadrotor tail-sitter VTOL UAVs using H-infinity synthesis[J]. IEEE Robotics and Automation Letters, 2018, 3(4): 2910-2917.

[48]   Smeur E J J, Bronz M, de Croon G. Incremental control and guidance of hybrid aircraft applied to a tailsitter unmanned air vehicle[J]. Journal of Guidance, Control, and Dynamics, 2018, 43(2): 274-287.

[49]   Demitrit Y, Verling S, Stastny T, et al. Model-based wind estimation for a hovering VTOL tailsitter UAV[C]. IEEE International Conference on Robotics & Automation, 2017: 3945-3952.

[50]   Fu L, Wang L, Yang X. Development of a rotorcraft micro air vehicle for indoor flight research[J]. Journal of Intelligent & Robotic Systems, 2015, 81(3): 423-441.

[51]   Liu D, Liu H, Li Z, et al. Robust attitude control for tail-sitter unmanned aerial vehicles in flight mode transitions[J]. International Journal of Robust and Nonlinear Control, 2019,

29(4): 1132-1149.

[52] Li Z, Zhang L, Liu H, et al. Nonlinear robust control of tail-sitter aircrafts in flight mode transitions[J]. Aerospace Science and Technology, 2018, 81: 348-361.

[53] 庞瑞, 史忠科. 倾斜共轴旋翼尾立式飞机鲁棒预测控制 [J]. 计算机仿真, 2014, 31(6): 1006-9348.

[54] Wang J, Song B F, Wang L G, et al. L1 adaptive dynamic inversion controller for an X-wing tail-sitter MAV in hover flight[C]. Asia—Pacific International Symposium on Aerospace Technology, 2015: 969-974.

[55] Dong L, Yang W, Xia P. Multi-body aeroelastic stability analysis of tiltrotor aircraft in helicopter mode[J]. Transactions of Nanjing University of Aeronautics and Astronautics, 2006, 23(3): 161-167.

[56] 张铮, 陈仁良. 倾转旋翼机旋翼/机翼气动干扰理论与试验 [J]. 航空学报, 2017, 38(3): 31-39.

[57] Chen M, Jiang B. Robust attitude control of near space vehicles with time-varying disturbances[J]. International Journal of Control Automation and Systems, 2013, 11(1): 182-187.

[58] 王廷廷, 钱承山, 张永宏, 等. 倾转定翼无人机姿态控制系统设计 [J]. 计算机测量与控制, 2017, 25(2): 1671-4598.

[59] 杨喜立. VSTOL 飞行器过渡过程非线性控制研究 [D]. 北京: 清华大学, 2008.

[60] 王向阳. 推力矢量型垂直/短距起降飞行器建模与控制研究 [D]. 北京: 清华大学, 2014.

[61] Wang X, Zhu B, Zhu J, et al. Thrust vectoring control of vertical/short takeoff and landing aircraft[J]. Science China Information Sciences, 2020, 63(2): 1-3.

[62] Kuang M C, Zhu J H. Hover control of a thrust-vectoring aircraft[J]. Science China Information Sciences, 2015, 58(7): 1-5.

[63] Yang Y, Zhu J, Zhang X, et al. Active disturbance rejection control of a flying-wing tailsitter in hover flight[C]. IEEE/RSJ International Conference on Intelligent Robots and Systems (IROS), 2018: 6390-6396.

[64] Wang X Y, Yuan X M, Zhu J H, et al. Stability analysis of tailsitters in vertical takeoff and landing flights[J]. Journal of Aircraft, 2019, 56(4): 1487-1500.

[65] Fujii K. A modern introduction to Cardano and Ferrari formulas in the algebraic equations[J]. Far East Journal of Mathematical Education, 2013, 10(2): 175-189.

[66] McCormick B. A numerical analysis of autogyro performance[C]// Biennial International Powered Lift Conference and Exhibit, 2002: 5950.

[67] Pitt D M, Peters D A. Theoretical prediction of dynamic-inflow derivatives[C]. 6th European Rotorcraft Forum, Bristol, England, 1980: 16-19.

[68] Chen R T N. A survey of nonuniform inflow models for rotorcraft flight dynamics and control applications[C]. European Rotorcraft Forum, 1989.

[69] Dorfling J, Rokhsaz K. Integration of airfoil stall and compressibility models into a propeller blade element model[J]. Journal of Aerospace Engineering, 2016, 29(4): 1943-5525.

[70] Montgomerie B. Methods for root effects, tip effects and extending the angle of attack range to +− 180°., with application to aerodynamics for blades on wind turbines and

propellers[R]. Sweden, 2004.

[71] Marcus P. Aerodynamic modelling and performance analysis of over-the-wing propellers[D]. Delft: Delft University of Technology, 2018.

[72] Schmitz S, Chattot J J. Characterization of three-dimensional effects for the rotating and parked NREL phase VI wind turbine[J]. Journal of Solar Energy Engineering, 2006, 128(4): 1351-1360.

[73] Herráez I, Akay B, van Bussel G, et al. Detailed analysis of the blade root flow of a horizontal axis wind turbine[J]. Wind Energy Science, 2016, 1(2): 89-100.

[74] Drela M, Youngren H. XFOIL 6.9 User Primer[EB/OL]. http://web. mit. edu/drela/Public/web/xfoil/xfoil_doc. txt[2023-04-30].

[75] Ehsani M, Gao Y, Emadi A, et al. Modern Electric, Hybrid Electric, and Fuel Cell Vehicles[M]. Boca Raton, FL: CRC Press, 2017.

[76] Larminie J, Lowry J. Electric Vehicle Technology Explained[M]. Chennai: John Wiley & Sons, 2003.

[77] Brombach J, Schroeter T, Lücken A, et al. Optimizing the weight of an aircraft power supply system through a $+/-270$ VDC main voltage[J]. Electrical Review, 2012, 88(1): 800.

[78] Lithium Batteries: Models [EB/OL]. https://industrial.panasonic.com/ww/products/batteries /primary-batteries/lithium-batteries/models [2021-05-30].

[79] Löbberding H, Wessel S, Offermanns C, et al. From cell to battery system in BEVs: analysis of system packing efficiency and cell types[J]. World Electric Vehicle Journal, 2020, 11(4): 1-16.

编 后 记

　　"博士后文库"是汇集自然科学领域博士后研究人员优秀学术成果的系列丛书。"博士后文库"致力于打造专属于博士后学术创新的旗舰品牌，营造博士后百花齐放的学术氛围，提升博士后优秀成果的学术影响力和社会影响力。

　　"博士后文库"出版资助工作开展以来，得到了全国博士后管委会办公室、中国博士后科学基金会、中国科学院、科学出版社等有关单位领导的大力支持，众多热心博士后事业的专家学者给予积极的建议，工作人员做了大量艰苦细致的工作。在此，我们一并表示感谢！

"博士后文库"编委会